追蹤孕爸媽孕期

酸甜苦辣
真情流露

荷花出版

追蹤孕爸媽孕期 酸甜苦辣 真情流露

出版人：尤金

編務總監：林澄江

設計製作：鄧積壽

出版發行：荷花出版有限公司

電話：2811 4522

排版製作：荷花集團製作部

印刷：新世紀印刷實業有限公司

版次：2024年3月初版

定價：HK$99

國際書號：ISBN_978-988-8506-91-0

© 2024 EUGENE INTERNATIONAL LTD.

荷花出版
EUGENE GROUP

香港鰂魚涌華蘭路20號華蘭中心1902-04室
電話：2811 4522　圖文傳真：2565 0258
網址：www.eugenegroup.com.hk
電子郵件：admin@eugenegroup.com.hk

說好懷孕故事

如果想一個人吸收一些道理，最好從「古仔」開始。所以，你若想灌輸一些道理給小朋友，給他們講「伊索寓言」、「格林童話」之類就最好不過。

其實，不但小朋友，人類天性也愛聽「古仔」，古今皆然。古代聖賢如孔子、莊子等，皆講不少故事來教育弟子；佛祖、耶穌更大量述說故事來傳揚道理。聖賢都會知道，利用故事來傳遞道理，更令人有共鳴，更令人印象深刻，更令人心動！因此，說故事比說硬道理更有效，當然，前提是說故事的人要懂得說故事、說得動聽，否則說到令人懨懨欲睡，效果適得其反。

懷孕之事也一樣，如果只是硬塞一堆懷孕須知、懷孕要吃甚麼、懷孕病徵等資訊給孕婦，孕媽媽也會消化不來，畢竟，這些都是一堆硬綁綁的乏味資料。不過，若反過來給孕媽媽講某個孕媽媽懷孕時胎兒被臍帶纏頸，幾乎胎死腹中，但最後緊急開刀生產，救回一命；又或者某產婦已入產房待產，以為很快分娩，但催生了十多小時也不得要領，最後剖腹取下BB才鬆口氣。

聽了這些故事，是不是立即提神過來？因為這些經歷都是真人真事，令人覺得有血有肉、有悲有喜，充滿眼淚與歡笑！故事之所以吸引人，就是因為具備這些元素。所以無論小道理、大道理，如果懂得利用故事、說好故事，你的聽眾一定聽得津津有味。

本書講懷孕，但是一本講故事的懷孕書，書中有三十多位主角，一部份為孕媽媽，一部份為孕爸爸。第一章更是記錄了四名孕媽媽十月懷胎的旅程，由她們懷孕初期開始，已記錄其懷孕變化，一直追蹤至她們分娩為止，其間多個月以來的心路歷程，一一呈現紙上，資料十分珍貴。第二章也記述了十多位孕媽媽的分娩經歷，她們的經歷各有不同，猶如五味架上的滋味，或許某瓶的滋味會引起妳的共鳴。最後一章有十多位孕爸爸現身說法，他們來自不同職業，但對大肚中的太太的愛護竟不約而同，究竟他們如何與太太度過懷孕分娩的日子，有意取經的孕爸爸，不容錯過了！

坊間說好懷孕故事的書十分罕有，我們獨家深度專訪了這三十多位孕爸孕媽，只此一家，如此難得，你豈能不擁有？

目錄

孕媽分娩 ———————— Part 2

HealthBaby
生寶臍帶血庫

香港**最尖端幹細胞科技**臍帶血庫
唯一使用**BioArchive**®全自動系統

**FDA
認可**

✔ 美國食品及藥物管理局(FDA)認可

✔ 全自動電腦操作

✔ 全港最多國際專業認證
(FACT, CAP, AABB)

✔ 全港最大及最嚴謹幹細胞實驗室

✔ 全港最多本地臍帶血移植經驗

✔ 病人移植後存活率較傳統儲存系
統高出10%*

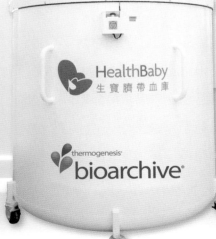

HealthBaby
生寶臍帶血庫

thermogenesis™
bioarchive®

*Research result of "National Cord Blood Program" in March 2007 from New York Blood Center

24小時查詢熱線: 香港 (852) 3188 8899 | 澳門 (853) 2878 6717 | www.healthbaby.hk

目錄

孕爸心聲 ——————— Part 3

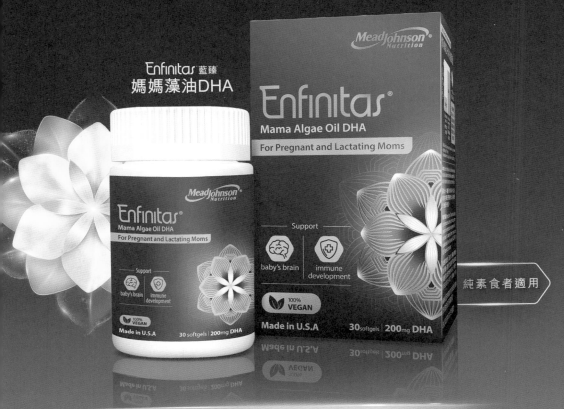

Part 1

孕媽追蹤

由懷孕至分娩，孕期長短相若，
但不同孕媽媽所經歷的過程就並不一樣，
猶如五味架上的滋味，各有不同。
本章有 4 名孕媽媽，記錄了她們孕期陀 B
至分娩前的過程，甚具參考價值。

懷孕9-12weeks
生活習慣改變了！

Case 1

Renee

🍀 *Profile*

職業：廣告銷售
懷孕次數：第一胎
生產方法：自然分娩
現時體重：51kg

　　雖然不是預期之中懷孕，但對於第一次懷孕的Renee來說，都會感到喜出望外，尤其是家中的長輩，更是得償所願，終於有孫抱了。懷孕初期，Renee並沒有增磅太多，但感到胸部脹痛及作嘔作悶，另外，因為懷孕由從前的夜貓子，變得早睡早起，更天天吃早餐，養成好習慣。

開心的意外

　　世事往往很難預料，很多事情在意料之外發生。就如今次「孕媽追蹤」的新主角Renee Suen 孫詠霖，結婚初期並沒有打算短期內做媽咪，但就在這時小寶寶的腳步已偷偷來到了。「我們都感到很意外，因為完全沒有想過會這麼快便懷孕了，這次懷孕並不是在預期之中，不過當知道懷孕時都感到很高興，特別是我們的家人，他們都感到很開心，長輩們更加期盼，他們希望能盡快與孫子見面呢！」

胸部脹痛

　　Renee現時懷孕第9周，她的腹部尚未有明顯脹大，身材仍然非常纖瘦，腹部只是微微隆起。她説雖然身體只是微胖，但胸部感到脹痛，經常感到肚餓，但是卻沒有食慾，經常感到疲倦。

由於是懷孕初期的緣故，長輩家人都替她緊張，不時提醒她要小心，注意健康及飲食，所以，這階段Renee做任何事都格外小心。加上中國人傳統習慣，懷孕未夠三個月都不會向外宣佈，擔心胎兒小器，影響他的健康，Renee都遵守這個傳統，懷孕未夠三個月沒有向其他人透露半句，胎兒健康是最重要的。

早睡早起

以往Renee與大部份香港人一樣，都是很晚才睡覺，屬於夜貓子一族，但自從懷孕後，她的睡眠時間來個180度大轉變。「我以往要到晚上12時才會上床睡覺，但自從懷孕後，由於希望寶寶身體健康，加上白天需要應付工作，現時容易感到疲倦，所以，現在晚上10時便上床休息了。我盡量爭取更多休息時間，以應付白天繁忙的工作及現在的身體狀態。」

天天吃早餐

可能忙於上班的關係，Renee與很多都市人一樣，間中會忽略早餐的重要性，但自從懷孕後，她開始注重飲食健康，希望能讓寶寶吸收足夠的營養，所以，不管有多忙碌，她都會爭取吃早餐的時間，每朝吃一頓有營早餐才開始迎接忙碌的工作。

另外，Renee以往有一個小習慣，她每天會飲用一杯茶，才開始工作，但現在也為了寶寶的健康着想，決心把這多年來的習慣戒掉，由此可見為人母有多偉大。Renee表示由於是初次懷孕，始終對很多事情都不清楚，幸好得到身邊人的提點，所以，她會盡量改變以往的壞習慣，希望能吸收足夠營養，讓寶寶及自己能夠更加健康。

Friso 美素佳兒®

荷蘭 原裝進口

荷蘭自家農場 ® 自然安心

香港 銷 1 售 美素佳兒®金裝

原乳免疫力量

皇牌有機
營養豐萃

No. 1 易消化
易吸收⊥

懷孕13-17weeks
不敢吃太多

Profile

現時體重：54kg

來到懷孕第13至17周，孕媽Renee的肚子明顯大了，一度嘗試使用腰封。作嘔情況有所改善，胃口比之前好，沒那麼容易疲倦，尿頻情況亦有改善，不過，體重上升給她帶來另一種辛苦。總的來説，看到寶寶在這個階段健康成長，她十分高興。

曾短暫用腰封

來到13至17周這個階段，胎兒已有脊椎和內臟，然而，Renee未感受到胎兒有郁動，但卻感覺到重量，因此嘗試使用腰封來保護腰背部。不過，她不太習慣使用，常常覺得腰封箍着肚子令她難以呼吸，所以僅使用了數次便束之高閣。

另一改變是作嘔的情況改善了，Renee表示，作嘔情況多數在早上刷牙時發生。在懷孕第13至17周，她是作嘔居多，真的嘔出來只有2次，發生在進食的時候。

胃口變得較好

Renee的胃口亦變得較好。回想懷孕之初，胃口較差，大概比懷孕之前少吃了一半；在懷孕第13至17周，胃口可回復到懷孕前那樣，但Renee不敢每次進食太多，因為害怕胃遭頂着，導致不太舒服。口味方面，她沒有大轉變，但特別的是，在懷孕4個月時，她常常想吃薯條。

至於她的尿頻情況亦見改善，符合正常懷孕每個階段的變化，即尿頻在懷孕前期會嚴重，中期會改善，後期又會變嚴重。

晚上易腳抽筋

隨着胎兒長大，Renee的體重增加，由第一階段的約50.8千克增至54千克，令她走路或行動時感到較前辛苦，腳部亦容易在晚上抽筋，因為白天步行多了會容易雙腳疲累。可幸晚上有體貼的丈夫幫忙按摩，讓她舒服些。

多數婦女也擔心在懷孕期間營養攝取不足，影響胎兒生長，Renee也不例外，不過，她沒有特別多吃有營養的食物，而是每天服食孕婦補充品。

品嚐幸福滋味

因為工作關係，Renee往往要外出吃飯，而且晚餐大部份時間皆是外出用膳，不過，對她愛護有加的家人，間中會為她炮製晚餐，令她品嚐到幸福的滋味。幸福的滋味不僅來自飯菜，亦來自湯水。Renee的家人間中會煲湯給她喝，所煲的都是較為正氣的湯，例如番茄薯仔湯。

水果方面，Renee大部份時間也是選吃橙和蘋果，每晚皆會有橙或蘋果落肚，理由也是因為這些水果比較正氣。

為寶寶吃乳酪

有些婦女在懷孕時有便秘的問題，為了紓緩情況，會吸收益生菌。Renee在這個階段有吃乳酪，因看中乳酪有益生菌，不過，她並非因為有便秘而吃，她比較幸運，腸胃情況比較好，只因益生菌可以令寶寶皮膚更好而吃乳酪。Renee對腹中塊肉的愛，由此可見一斑，她不單止要讓寶寶健康，連寶寶的皮膚狀況也要兼顧。

期待揭曉性別

她懷孕13至17周時，是2021年5月，她認為那時天氣太熱，她覺得比較辛苦，更特別為此購買小風扇，隨身使用以紓緩情況。但即使是這樣，也無損她的好心情，對於寶寶那時能健康成長，她十分開心，而那時只有她的媽媽知道胎兒性別，她對準備在6月舉行的性別揭曉派對充滿期待。

成就 No.1
快樂未來

Disney World of English

掃瞄QR登記
預約免費體驗

© Disney

即賞

立即 SCAN! 玩住學
Disney World of English
Count the shapes in the picture!
©Disney
World Family

Mickey&Friends野餐墊

懷孕18-21weeks
喜見陀女

Profile

現時體重：55.4kg

來到懷孕第17至21周，孕媽Renee開始出現尿頻，胃口變得更好，肚子在這個月大了很多，她更開始感覺到胎動；情緒方面，則容易激動。性別揭曉派對讓她知道自己陀女，令比較想要女兒的她很高興。

晚上9時後不飲水

在第三階段，Renee的體重由第二階段的54千克增至55.4千克，增磅速度暫時符合預期，亦未有令她走路或行動時感到辛苦，然而，她開始出現尿頻了，為此，她更想出晚上9時後不再飲水的方法，以免半夜起床上廁所！她採用這個沒有人教的方法之後，唯有在日間多喝水以補充足夠水份。

Renee的胃口變好，由原本吃小半碗飯，變成可吃大半碗飯。因為比較想進食而吃畢並沒有感到不舒服，她的心情亦變得比較好呢！惟她還是不敢吃太多，因為多吃會頂着胃部，暫時仍然是一日三餐，沒有特別戒口，除了生冷食物之外，甚麼也吃。

派對中知陀女

Renee在6月時為胎兒舉行性別揭曉派對，有大概30人參加，主要為家人和親戚，少數為朋友。

其實，在她懷有5個月身孕的時候，抽血報告已顯示胎兒的性別，但報告只有Renee的媽媽看過，因此，一直只有Renee的媽媽知曉胎兒的性別，在派對舉行前，Renee的媽媽將代表性別的顏色彩紙放入黑色氣球內(男孩是藍色，女孩是粉紅色)，於派對中，Renee和丈夫刺破氣球並看見彩紙的顏色後，方知道腹中塊肉的性別是女，她兩夫婦皆十分開心，因為他們比較想要女兒，如願陀女。

特想吃番茄類食物

口味方面，又起變化。一向喜歡吃魚的Renee，在懷孕17至21周時覺得吃魚比較腥，儘管如此，她還是有吃少許魚的，甚麼魚也愛吃的她，在選吃魚類方面沒有特別喜好。

她在第三階段另一變化是特別想吃番茄類的食物，例如焗番茄豬扒飯、番茄湯底米粉等，無論是家人準備的還是買回來的，均可以滿足她的口腹之慾。

感到腹中塊肉撩動

　　由於肚子在這個月大了很多，許多衣服也不合身了，Renee
為此有去購買少許衣服。另外，因為身形變得笨重，她容易腳部
疲累，所以需要多休息及小心腳步。

　　Renee開始感覺到胎動，感到好像有東西在肚內撩動般。這
個情況要在安靜的時候才感覺到，因此，平時走動時並沒有感覺
到，睡覺前比較容易感覺到，不過沒有影響她的作息，因為情況
只是很輕微。

胎兒聽音樂會激動

　　情緒方面，她變得容易瘟癢，但她能盡量控制情緒，沒有發
脾氣，沒有影響她和別人的關係。她稱：「要很多忍耐。」

　　談到腹中塊肉的情況，Renee表示，寶寶應該感受到外界的
環境，因為在她聽音樂的時候，寶寶會顯得很激動，手舞足蹈。
她並不是特意聽音樂作為胎教的，只不過是她本身想聽音樂便去
聽音樂，因而意外發現寶寶會這樣。

UPPAbaby × **BUY friendly**

UPPAbaby於2006年誕生於美國波士頓，公司致力於高端嬰兒車，配件及嬰兒汽座之研發和全球銷售。因品牌卓越的品質和服務，其產品屢獲各國嬰童用品獎項並深受明星政要青睞，有"美國街車"之稱謂。

主要產品：
高景觀嬰兒車：VISTA/CRUZ
全地形慢跑車：RIDGE
輕便型嬰兒車：MINU/G–LUXE
嬰兒提籃：　　MESA

one for all
一輛車滿足你的所有需求

懷孕22-28weeks
胎動感覺更強烈

Profile

現時體重：55.4kg

到了第4階段，Renee也懷孕到第23至28周，心情難免有一點緊張，胃口卻變得不錯，肚子也越來越大，胎動感覺更強烈，令她難以入睡，現在也不能走動得太久。為了寶寶的健康成長，她謝絕冰凍飲品，最實際的便是飲多兩碗奶奶煲的愛心滋補湯水。

囡囡在肚內打功夫

Renee的體重由第3階段的55.4千克增至58千克，肚子越來越大，有時會有肚脹的感覺，感到胎兒漸漸壓迫到胃部。相比起第3階段時只感覺到輕微胎動，有點像腸子蠕動，現階段Renee的囡囡正處於活潑時期，胎動的感覺也越來越強烈，明顯地感覺到囡囡在肚內拳打腳踢，尤其是當她吃飽後，胎動比較頻繁，有時候甚至在肚皮上看到突出的小手小腳。另外，不知是否Renee坐得太久沒有郁動，還是坐的姿勢讓囡囡不舒服，她又會在肚內「打功夫」，好像提醒Renee是時候換一換姿勢了，當郁動過及轉姿勢後，她好像又靜下來，那種感覺實在太奇妙。

側睡以咕唔墊腳減少抽筋

懷孕期出現腿部抽筋絕對是平常事，因孕婦在孕期中體重逐漸增加，雙腿負擔加重，腿部的肌肉經常處於疲勞狀態，Renee在睡眠時便出現過腿部抽筋，立即喚醒丈夫幫她按摩以作紓緩，經過那一次的抽筋後，現在改變了睡姿，以側睡及使用了孕婦適用的抱枕，現在腿部抽筋暫時未有再出現，也可睡到大天光了。另外，Renee也會做少量的拉筋運動，希望減低抽筋的情況出現，以及加強腰部及腿部肌肉發展。

少食多餐防妊娠糖尿

於孕婦的日常飲食來説，營養師均會建議她們較懷孕前需額外多攝取約300至500卡路里；建議餐與餐之間可進食含營養價值的小食，如鮮果乳酪粟米片、芝士吞拿魚三文治配低脂牛奶等，宜多選不同顏色水果。Renee胃口真是比以前吃得更多，由於都擔心會出現妊娠糖尿病，所以會避免一次過進食過多，以免體內的胰島素會瞬間上升，可知道高度分泌胰島素容易導致妊娠糖尿病。

從事廣告銷售的Renee，由於常常要出外工作，所以早午餐均是在外進食，Renee都知道孕婦消化得比較快，所以早餐相對

也會吃多一些；午餐和晚餐的份量便會少一些，選擇食物以均衡營養為主，多菜少肉，盡量少吃高熱量食物，例如汽水、甜品、糖果等，Renee在肚餓時，小吃則會選擇番茄、牛油果等健康水果，也會飲用含有豐富的蛋白質、礦物質以及維他命的豆奶來增強體質，這樣對大人及囡囡也是很有益，當然Renee也會避免飲用冰凍飲品。晚上，Renee都會在家中吃住家飯，相對出外進食更為健康，還有奶奶的愛心老火靚湯，都給她和囡囡足夠湯水，補而不燥。

荷爾蒙轉變出現妊娠濕疹

相信好多孕婦在懷孕期間，都會出現妊娠濕疹，妊娠濕疹是指在懷孕期間出現的濕疹問題，是非常普遍的皮膚問題，即使孕婦過去沒有濕疹，但在懷孕期間，有30至50%孕婦均會有機會患上，主要原因是荷爾蒙的轉變激發出來，最常見出現的位置會在腹部、大腿及手腳，會有痕癢及紅腫等症狀。Renee的腹部上也出現了妊娠濕疹，最初感到十分痕癢，還未知是妊娠濕疹，只是有點擔心，所以立即見醫生，才知道是妊娠濕疹。醫生當時處方了止痕癢的藥膏給她，但用了一段時間仍是感到痕癢，未見有止痕的功效，後來家人建議看中醫，發現原來是胎毒，聽從中醫的指示戒口及少吃生冷的食物後，情況便有好轉，痕癢問題續漸減退了。

懷孕29-38weeks
期待新生命

Profile

現時體重：55.4kg

到了最後階段，Renee已踏入34周，她懷着興奮的心情等待着寶寶的來臨，肚子也越來越大，雖然腰痠背痛仍未減退，走動得太多也會出現輕微的水腫，尿頻密度也影響了睡眠質素，但一想到寶寶快將降臨，還是做足準備工夫，開始佈置舒適又乾淨的BB房，讓小公主來到這個充滿愛的家。

簡單按摩紓緩水腫問題

Renee的體重由第4階段的58千克增至今61.6千克，肚子越來越大，孕媽咪出現生理性的水腫極為普遍，因胎兒將孕媽咪的子宮撐大，而壓迫到下肢及骨盆腔的靜脈，使下肢、骨盆部位的血液循環與回流能力變差，水腫最常出現在小腿、腳踝及腳背，尤其在懷孕後期會更加明顯，Renee到了這個階段也出現了水腫，所以她在平日已盡量減少走動太多，回家便會調整臥躺姿勢及按摩等方法來緩解不適，暫時來說都不會有好大的影響。

避免長時間站立紓緩不適

隨著懷孕的日子不斷增加，寶寶重量越來越大，導致孕婦的身體重心向前移，不自覺地在站立和行走的時候都是採用雙腿分開、上身後仰的姿勢，這種姿勢容易使背部及腰部的肌肉常處在緊張的狀態，導致腰痠背痛。這種情況一般常發生在懷孕後期，Renee「若在日間行或站得久都會出現腰痠背痛，朋友有提議不如使用托腹帶或腰封，但由於天氣太熱，戴上托腹帶會變得焗身，也嘗試使用腰封來保護腰背部，不過不太習慣使用，常常覺得腰封箍着肚子令人難以呼吸，所以僅使用了數次便沒有再使用。」現在她都避免長時間站立，可以的話也會坐下或躺下休息一會。坐着時更會在椅背放靠墊，紓緩背部壓力，雙腳也會用小矮凳墊高，幫助血液循環。若躺下時將兩腿墊高，便幫助血液循環。睡覺時在腿中間便夾着一個枕頭，將肚子的重量放到枕頭上，以減輕腰部負擔及紓緩不適的感覺，這樣都能減輕她的腰痠背痛問題。

緊張心情迎接寶寶

距離預產期的日子越來越近，Renee的心情變得好忐忑「身邊也有孕媽和我差不多時間生產，有些孕媽因突發情況穿羊水，

需要入醫院早產，令我的心情變得好緊張，不知是自己太緊張的關係，還是肚子越來越大，晚間有時要起床兩次，大大影響了睡眠質素，第二天起床時真是沒精打采。」為了令自己能放鬆心情，她選擇和寶寶一同聽音樂進行胎教，也沒有特定哪一類型的音樂，例如古典音樂、爵士音樂及流行音樂也有齊，「每次當音樂起動時，寶寶在我肚內郁動也變得頻密，這種別類方式和她互動，真是奇妙又有趣，也是孕媽的專利。」

和女兒結伴遊行

　　為女兒部署好一切準備工夫了，也開始聘請陪月，希望陪月可以在生產後協助照顧寶寶，心情上尚算輕鬆了一點，為了紀念這份愛情結晶即將降臨，加上懷孕時的女性是一生中最美麗的階段，因此Renee便選擇在33周時，和丈夫及閨蜜拍攝了兩輯懷孕相片，與丈夫一起的當然是以甜蜜滿瀉為主題，張張照片均是甜蜜溫馨；和閨蜜則是玩味十足，充滿歡樂的氣氛，讓大家一同見證Renee的一生另一重事，此外，她最期待的便是帶女兒周遊列國的去遊玩，放眼世界，讓女兒認識世界之大，也是她和女兒的ME TIME。

伴隨成長，從0到99歲
Lasts a Lifetime

iF DESIGN AWARD 2022

MAXI·COSI®
Nesta 成長餐椅

We carry the future

EUGENE**baby**嬰之兒 · EUGENE**baby**.COM   maxi-cosi.com

懷孕16-19weeks
三個夠晒數

case 2

Yolanda

Profile

職業：全職媽媽
懷孕次數：第三胎
生產方法：順產
現時體重：47.7kg

今次的主角是全職媽媽Yolanda，肚中懷的是第三胎，要照顧三個小朋友不容易，但她認為這樣才是最圓滿的家庭，是她從小到大的夢想，她亦喜歡在網上分享生活，為大家帶來正能量。

Yolanda是位全職媽媽，同時也在社交平台上經營自己的專頁，不時接拍廣告演出。今次是她的第三次懷孕經歷，照顧3個小孩子不容易，為甚麼Yolanda會想要3個小朋友呢？她表示「不嬲都想要3個小朋友，是我由細到大的夢想，我不會覺得辛苦」。Yolanda指自己是獨生女，希望孩子有兄弟姊妹相伴，所以有3個小孩子的家庭才是最圓滿，是件幸福及溫馨的事。」

與老公溝通有共識後，Yolanda亦考慮到大仔及二仔的性格發展及自理能力，她指「如果他們是很高需求的小朋友，可能我會打消念頭或延遲，幸好兩個仔都好乖好生性」，她便開始第三次造人計劃。她於去年的11月懷上第三胎，當時大仔已3歲，二仔快將2歲。Yolanda最先將懷孕的消息告訴大仔，待老公1月1日生日那刻，Yolanda再將雙線的驗孕棒放在盒子，送給老公作生日禮物。老公得知後不斷重複問道：「真的嗎？是真的嗎？」反應非常驚喜。

懷孕對氣味敏感

來到第3胎，Yolanda感覺到肚子大得比首兩胎更快，她稱「最驚肚皮鬆弛，所以紮肚是好緊要的」。自從懷孕後，她的胃口便不太好，對氣味特別敏感，任何味道對她來說都特別刺激及濃烈，而且開始體力不繼，懷孕首3個月容易感到疲倦，以及需要更長的睡眠時間。由於疫情關係，老公留家的時間增多，他幫忙照顧兩個小朋友，負責與兒子玩耍，更有心思地想出小型障礙賽，大大減輕Yolanda的負擔。

留家小心抗疫

Yolanda自言是個怕悶的人，以往每日都會帶小朋友外出，去家附近的商場或公園走走。不過今年疫情侵襲，為免受到感染，Yolanda還是小心為上，留家抗疫，盡量不外出。她做足抗疫措施，即使外出都必會戴上口罩，時刻洗手及消毒雙手，而且注意不四處觸摸，回到家中後，她會馬上脫去身上衣物並清洗，洗澡後才放心接觸家人，與朋友的聚會也大大減少。作為孕媽媽，家中亦有小朋友，Yolanda認為大家都是「高危人士」，因此要格外小心防疫。

網上分享做媽媽KOL

Yolanda一向喜歡拍片分享生活，她曾經在網上介紹揹帶，影片得到不錯的反應，她亦提到自己「細個想做歌手，想做幕前表演但並沒有發展」，所以亦借網絡平台分享唱歌的片段，完成了夢想。後來由於電腦壞掉，Yolanda無法剪輯影片，便轉移在社交平台開設個人專頁，繼續分享育兒心得，順理成章成為一位「媽媽KOL(意見領袖)」，她認為做KOL不容易，例如「要視乎有沒有用心經營，相也不可以亂影」。因此每次影相，都看得她非常用心，由構思角度及編輯都一手包辦，務求做到最佳效果。另外，Yolanda亦有嘗試試鏡做模特兒，由去年10月開始，她成功在4個月內接拍過5個廣告，得到在幕前出鏡的機會。作為全職媽媽，Yolanda既要經營個人專頁，而且親力親為照顧小朋友，生活實在是多姿多彩！

懷孕20-23weeks
三胎都係仔

Profile

現時體重：48.7kg

　　Yolanda的孕期踏入20周，肚子也隆起不少。她原本育有兩個団団，預料第三胎是女兒，怎料接受照結構測試後得知胎兒性別為男仔，令她驚訝不已。

　　孕期來到20周，Yolanda的肚子開始明顯隆起，她稱自己的精神不錯，開始感覺到寶寶在肚子內不停郁動，尤其是在Yolanda臨入睡前特別活躍。她亦在不久前接受了產檢，寶寶如常成長，但Yolanda的體重增幅不多，加上沒有水腫情況，手腳仍然纖細，她指老公曾提到，從背面看，Yolanda不似是位孕婦呢！

以蛋糕揭寶寶性別

　　Yolanda育有兩個団団，她與老公一直希望生個女兒，今次懷孕亦有許多朋友猜測Yolanda懷有囡囡，兩人更為「囡囡」改好名字。早前Yolanda在老公陪同下接受照結構測試後，她讓醫生將胎兒性別先告知老公，由老公第二天準備蛋糕以揭曉寶寶性別，如果蛋糕內的奶油是藍色代表是男孩，粉紅色則代表是女孩子。

揭開結果當日，Yolanda準備好相機錄下自己的反應，老公準備了蛋糕，Yolanda切開蛋糕時見到的是藍色奶油，她面露不敢置信的表情，以為老公作弄自己，不停重複問道：「Seriously？真的嗎？」Yolanda與老公的希望落空，表示沒有想像過連續三胎都是男孩子，原本為「女兒」想好的名字要重新構思。

疫情下留在家

　　香港的疫情持續，Yolanda只能與团团留在家，無法外出，她指自己住在村屋，很接近大自然，家後面就是南生圍，閒時會與小朋友在附近走走散心，由於疫情時好時壞，她亦不敢鬆懈及掉以輕心。即使外出回家後都會很小心，會徹底做好消毒工作。

　　Yolanda分享道，今胎懷孕比前兩胎更忙，因為要照顧兩個团团，二仔年紀還小，不時想媽媽抱他，但Yolanda礙於自己腹大便便，不能用力，只能以相擁代替抱起的動作。她還會在团团臨睡前唱歌，哄他們入睡，順便作為胎教，一舉兩得。她又指「懷第一胎會好有心機去照顧寶寶及做胎教，但第二胎就會開始頹廢」，不知有沒有媽媽也有同感呢？

夢寐以求
Long-Cherished Desire

獲得紡織品
無毒測試認證
Standard 100
by Oeko-Tex

哺乳枕
Nursing Pillow

初生套裝
New Born Set

兩用毛毯
Blanket Nest

www.cambrass.net

懷孕24-27weeks
孕肚突然長大

Profile

現時體重：51kg

踏入孕期24周，孕媽媽Yolanda覺得肚子突然大起來，活動起來也不如以往自如，更加容易感到疲倦，幸好有老公幫忙照顧大仔及二仔，他們亦很乖巧，令Yolanda不用奔於疲命。

Yolanda懷孕24至27周正處於今年5月，疫情有放緩的跡象，確診數字下跌，因此Yolanda外出次數多了，她趁機去購物為家中添置物品，但仍不放心四處去玩，以小心為上。兩個囝囝都很乖巧聽話，雖然長期無法外出，但沒有「扭計」要去玩，留在家中亦可以自得其樂，見到爸媽外出亦沒有嚷着要跟去，Yolanda指他們「性格溫和聽話」，令她感到欣慰安心。

身體變化大

來到第三胎，Yolanda有感每胎的速度都不一樣，今胎的肚子特別快「見肚」，她指去到第4個月已經好大，來到今個月更大得飛快。另一方面，她察覺身體的線條不似以前苗條，由於筋骨軟化為分娩作準備，Yolanda笑指身體開始有「虎背熊腰」的形態，希望快快度過餘下的三個月孕期後便去收身。

另外，由於肚子突然長大，重量使Yolanda的恥骨受壓，感到痠痛，亦容易感到疲倦，她提到最近「可能出去走一個圈，大概一小時都會倦，要立即回家休息」，而且自己住的是村屋，要行樓梯上落都令她感到疲倦，有許多事情都無法做，例如與小朋友玩、抱起他們，以及為他們洗澡，因為孕婦不能做蹦蹦跳跳、蹲下的動作。因此便交由老公為小朋友洗澡，陪伴他們玩耍及做家務。

嘗試多種孕照風格

Yolanda分享，近來有幾位攝影師邀請她拍攝孕照，嘗試了不同風格的孕照，當中有浪漫風、暗黑風、高貴風，以色彩做對比的風格，亦有在水池拍照，她指「這些體驗好得意，亦很期待，因為平時都不會試到這麼多的拍攝風格」。她憶起第一胎懷孕時，只是與老公去了南生圍影幾張就當是孕照；第二胎則有去影樓拍照；第三胎則影了多次孕照，每次的風格都迥異，Yolanda今次便有為《孕媽媽》拍攝泳裝照，留下美麗的倩影，亦是她的第一次穿上泳衣拍孕照的體驗。

懷孕28-31weeks
接拍孕照廣告

Profile

現時體重：52kg

踏入孕期28周，孕媽媽Yolanda感到身體變化漸大，除了容易感到疲倦外，一向體形纖瘦的她也覺得自己長胖了，Yolanda在今個月還接了多個孕照拍攝，雖然忙碌，但她感到非常滿足。

孕期來到尾聲，Yolanda明顯感覺到孕肚越來越大，雙腳開始無法支撐身體的重量，整個下盤都墜下去，行動亦不如以前自如，她指「對腳好劫，行路都好辛苦」，因此在疫情下都是由老公負責外出買菜。由於筋骨開始軟化為分娩作準備，一向體態纖細的她也發現自己開始長胖，腰部及背部都有長肉。雖然如此，她的手腳仍是纖幼，沒有水腫的情況，令不少孕媽媽感到羨慕。

胎動大令肚子變形

由於上一胎比預產期早了兩星期出世，Yolanda比較擔心今胎亦會提早出世，但她認為只要胎兒足月便沒有問題。最近除了體形有變化，Yolanda都沒有感到不適，她指胎兒踢得特別用力，猶如在肚中跳嘻哈舞，有時動作太大更讓肚子變形。

孕照合作接踵而來

最近Yolanda的社交平台頻頻上載不同風格的孕照，原來她忙於接洽拍攝的邀請，今個月有3次，而下個月有2次，拍攝雖消耗體力，加上化妝而設計髮型都要花上兩至三小時，不過Yolanda感到很滿意，享受拍照的過程。有賴今次的懷孕，她獲得不少拍攝硬照的機會，而且能嘗試多種風格的照片，多次拍攝亦令她駕輕就熟，輕鬆擺出多個姿勢。

孕照風格多樣

Yolanda的孕照有多種風格，例如浪漫風、民族風，以及型格風，她覺得每個風格的效果都很美麗，但自己最愛的是型格女皇風的照片，似是時裝雜誌的硬照，是Yolanda較少嘗試的風格，感覺新穎有趣。Yolanda還拍下全裸的情影，不過只限於私人收藏！她分享道，此類型的合作有雙重效果，一來讓攝影師有照片用於宣傳，二來Yolanda也可以與網友分享拍攝服務的優惠。

拍攝廣告

　　Yolanda於6月的行程豐富，除了拍攝孕照，她還接到2個廣告拍攝，一個是關於英語教材，另一個是益生菌產品。拍攝機會多多，Yolanda認為與坊間孕模的選擇少有關，懷孕期間她控制飲食，只吃有需要的份量，讓體態保持苗條，加上甜美的外表，因而得到客戶及攝影師的青睞。

與朋友慶祝生日

　　6月亦是Yolanda生日的月份，她與朋友開「baby shower」兼生日派對，朋友請家人為她親手做了一個造型可愛及粉紅色的蛋糕，裝飾有她最愛的卡通角色，令她捨不得吃掉蛋糕。粉紅色亦是Yolanda最愛的顏色，她甚至為囝囝購置的餐具及其他用品都是粉紅色，讓囝囝都愛上粉紅色，一般人會認為粉紅色是屬於女孩子的顏色，不過Yolanda認為顏色並沒有性別規限，不會刻意要為男孩子配藍色的用品。

懷孕32-35weeks
執屋迎接第三胎

Profile
現時體重：53.2kg

踏入孕期32周，孕媽媽Yolanda的孕肚越來越大，寸步難行，暫停孕照拍攝，開始「放產假」。不過為了新生命的到來，Yolanda與老公於這個月開始收拾家居，將房間騰出位置放BB床，因此更加勞累，媽媽不易做呢！

孕媽媽在懷孕期間受到荷爾蒙影響，容易有上火聚毒的症狀，導致胎毒上身。Yolanda也不例外，她指自己可能因為熱氣，開始「生痱滋」，因此今個月要清胎毒，她的清胎毒妙方是飲椰子水、腐竹雞蛋糖水，以及白蓮鬚薏米水下火，另外也有做清胎毒按摩療程，將胎毒的徵狀減輕。

孕肚加重壓力

由於孕後期的肚子重量上升，身體如腰部及腿部要承受的壓力越來越大，容易令孕婦感到疲倦。Yolanda認為三胎之中今胎是最重的，所以恥骨及雙腳承受着好大壓力，感到額外的痛及疲倦，要加多休息。她表示今胎沒有照超聲波，所以一直不知胎兒重量，不過她見肚子持續長大及變重，但身形依然苗條，沒有明顯的變化，希望身體的重量是來自於胎兒的重量。

家居大掃除

為了迎接第三胎的到來，Yolanda與老公決定來個家居大翻新，他們原本與兩個兒子同房，但由於要在房間騰出空間放嬰兒床，所以將兩個兒子的床搬去旁邊的房間，再將嬰兒床搬入房內以便日後照顧。他們亦來了個家居大掃除，將快要剝落的牆身剷走，再重上髹油，還有重新鋪地板，實在是個浩大的工程。另外，他們也收拾舊物，將不用的物件丟棄，Yolanda指今次幾乎將家中七成的物品清掉，尤其是衣物，以去舊迎新，亦花了他們數天的時間。

孕媽媽勞動時要額外小心，注意安全。Yolanda表示執拾家居時要「擒高擒低」，雖然動作有點危險，但盡量自己小心點，避免發生意外，最終順利完成整理家居的過程。Yolanda指收拾時沒有受傷，但的確很花費體力，只是坐着整理衣服，都已感到相當勞累，她指「行兩步已經要休息，要瞓覺咁滯。」不過她又道：「我完成早前安排好的攝影模特兒工作，就要開始認真放產假啦！」

臨近生產心情緊張

距離生產尚有一個月，是卸貨的倒數階段，Yolanda表示心情開始緊張，因為她有預感今胎會提早出世，原因是她最近忙於執拾家居，有過多的勞動，不過最怕是家居未準備好，寶寶就急着出來。她亦指目前走佬袋、BB床及日常用品都已經準備好，只是需要收拾家中大小瑣事就可以迎接新生命的到來。Yolanda認為，雖然三胎都是男孩子，但沒有「追女」的意欲，是時候要「收爐」了。

Lora Air Co-sleeper
2合1床邊床

床邊小睡床, 輕鬆變搖床
There by your side.

適合初生至約6個月(約9kg)
Suitable for 0m to 6 months (About 9kgs)

5個高度,任意調校
5 Height Adjustments

輕鬆一步變搖床
Rocking Mode - Simply flip the arched leg support

輕巧易折疊,配有收納袋
Lightweight, Easy to fold & Transport bag included

網面透氣,更易照顧寶寶
Breathable fabrics easier to take care baby

 MAXI·COSI®

Lora Air Co-sleeper
2合1床邊床

We carry the future

EUGENE baby 館. EUGENE baby.COM

maxi-cosi.com

懷孕36-38weeks
順利誕第三胎

Profile

現時體重：56 kg

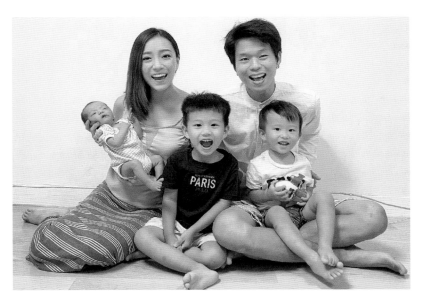

　　Yolanda的孕期踏入最後階段，她反而比之前勞動得更多，為家居來了個小裝修，迎接第三胎的到來。但由於疫情關係，醫院無法提供陪產及聞笑氣，Yolanda最終順利誕下第三胎。

　　來到孕期最後一個月，Yolanda表示自己睡眠質素差，由於孕肚體積過大，阻礙睡眠，睡覺時連轉身都感到痛，間中更有似是陣痛的痛楚，又似是抽筋，令她感到相當辛苦。龐大的孕肚對身形嬌小的Yolanda來說非常重，令她的恥骨一直出現痠痛，連行走都有困難。Yolanda指幸好家中有樓梯，每日「被逼」做少量運動以幫助順產。

最後階段收拾家居

　　之前Yolanda忙於拍攝孕照，雖然目前拍攝工作暫停，但家中開始要翻新，以迎接小生命。Yolanda表示自己與老公拆掉牆身及重新髹油、鋪地板、執拾廚房，親手製作家具，似是大掃除般，「我們掉了七成家中的舊物品很不捨得，不過為了BB，要學識斷捨離。」Yolanda忙得甚少時間休息養胎，為了讓BB出世時有更舒適及整潔的家居，她認為是值得的，Yolanda指「BB亦很乖，真係等我哋搞掂晒先出嚟。」

疫情關係老公無法陪產

　　Yolanda憶起生產當日情況，她指自己由下午開始見紅，知道寶寶差不多要出來了，於是急忙叫老公回家接她到醫院。Yolanda三胎都是在公立醫院產子，因為疫情關係，公立醫院暫停陪產，她認為今次生產與前兩次最大分別是老公不能陪產，只能幫她登記完入院手續後，在走廊等或者離開。另外，Yolanda分娩時向醫生提出要聞笑氣，才發現醫院為免有感染的風險，亦暫停提供笑氣。

　　問及生產時刻老公不在身旁陪伴，Yolanda指：「不能陪入產房都有點失落，會覺得如果有得陪我見證BB一齊出世就好啦，但都知因為疫情而沒有選擇。」老公笑言由於有第一及二胎的經驗，今次反而不太緊張。

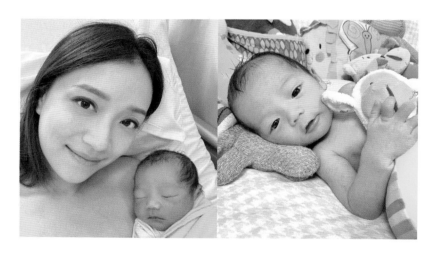

準備走佬袋

　　Yolanda分享收拾走佬袋的秘訣就是——不要帶太多東西。除非是在私家醫院生產，那便像旅行一樣大包小包，但在公立醫院生產的話，備齊最基本的用品即可，而且生完照顧BB已經十分耗費精神，不會有更多注意力檢查隨身物品是否帶齊，所以走佬袋越簡單越好。

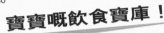

懷孕18-21weeks
懷孕後得到好多愛

Case**3**

Wendy

職業：文職
懷孕次數：第一胎
生產方法：自然分娩
現時體重：62kg

回想起初懷孕時，Wendy說這胎是在計劃之內的，初期都算順利。最開心的是自從懷孕後，家人對她寵愛有加，家中長輩不時為Wendy炮製美食，當食慾不振時，奶奶又給她煲好味的粥，令她感受到滿滿的愛。

如期懷孕

今次是Wendy第一次懷孕，她說於懷孕最初的十多個星期一切尚算順利。Wendy說他們結婚2年，一直打算於婚後兩年懷孕，估不到今次能在計劃之內懷孕。

腸胃不適知有B

Wendy最初得知自己懷孕，並不是因為月經遲遲不來，而是因為食了不潔的食物，導致肚痛，才發現自己懷孕。「當時我剛巧食了不潔的食物，令到肚子非常疼痛，於是便去求診，但是求診服藥後，腸胃仍然感到不舒服，加上察覺經期遲遲未到，我又開始感到不舒服，於是購買了驗孕棒自我測試，結果顯示自己懷孕了。之後隔了數天，我再去家計會檢查，結果都是顯示懷孕了。之後，我就開始去伊利沙伯醫院排期登記，開始定期做產前檢查。」聽到Wendy的經歷，也為她捏一把汗。

最初較辛苦

Wendy說，最初3個月較為辛苦，她不時感到頭暈及作嘔，而且很快便感到疲倦。Wendy表示當時不夠精神，而且胃部會感到不舒服，加上她本身腸胃一直都有毛病，可能因此影響到懷孕後胃部也感到不舒服。至於會否感到胎動？Wendy說到4個半月尚未感受到BB郁動，只是在臨睡前好像有輕微的感覺，但都只是一、兩次。至於在生活上亦沒有太大轉變，只是個人易餓又易飽。

滿滿愛意

Wendy說當大家得知她懷孕後，丈夫及家人都好開心，特別是家人，因為覺得他們也不年輕了，大家都希望他們能夠盡快生小朋友。

Wendy記得當大家得知她懷孕後，都開始做準備，老爺、奶奶、爸爸及媽媽當知道即將抱孫後，都開始為Wendy準備好多食

材、海味，打算為Wendy烹煮佳餚補身。她說尤其是奶奶更為關
注Wendy的健康，因為他們彼此住得很近，所以，很多時奶奶會
為Wendy準備食物，讓Wendy不時嚐到美味的菜式。Wendy說：
「懷孕之初我食慾下降，想食些輕食，如粥品，於是奶奶會不辭勞
苦，特地給我煲粥，然後給其他家人煮飯。有時我感到太疲倦，沒
有到奶奶家用膳，丈夫在吃過飯後會從奶奶家帶食物及湯水予我享
用。此外，每逢星期日，我及丈夫很多時都會回到父母家用膳，爸
爸媽媽都會特地給我煲湯飲用。而丈夫亦對我照顧有加，無時無刻
都會問我會否感到不適。自從懷孕後，家中的大小事務都是由丈夫
負責，有時還要扮演『外賣仔』的角色，並要上網搜尋許多育兒資
訊，例如去哪間醫院生產較理想；去哪間診所檢查較佳；哪裏可以
做T21；哪裏間做照結構⋯⋯懷孕後我得到好多人無微不至的照顧
及愛錫，我真的感到很幸福，亦都很多謝他們。」

懷孕22-25weeks
肚子越來越大

Profile

現時體重：63kg

　　踏入懷孕第22至25周，Wendy説自己的肚子越來越大，胎兒亦越來越有反應，睡覺時會感到他在踢腳，雖然對睡眠有影響，但Wendy感到很神奇，因為感到與寶寶更加接近。這段期間，丈夫除了仍然不時為Wendy帶回愛心飯盒外，更幫她塗抹潤膚露，讓Wendy避免肌膚乾燥之餘，亦感受丈夫對她的愛護，即使挺着大肚子不舒服，也覺心甜。

肚子越來越大

　　進入追蹤Wendy第二階段，她亦已懷孕第22至25周，看着她肚子的變化，變得越來越大，Wendy説踏入這階段，肚子脹大了不少，之前即使較以往大了，仍然感覺輕鬆，但這階段明顯大了許多，感覺胎兒在她肚內不斷成長，一日一日長大，對於初次懷孕的Wendy來説，確實感到奇妙。

寶寶開始踢腳

　　Wendy説隨着時間，肚子不只越來越大，她感覺與胎兒的關

係更加親密。「之前幾個月我仍然可以採用平躺的方式睡覺，但踏入這階段則不可以了，如果採用平躺方式睡覺，便會感到胎兒的腳仔不停地踢，令我睡眠質素十分受影響。所以，在這階段我開始採用側睡的方式睡覺，這樣胎兒不會再踢我。」雖然被胎兒踢肚子對睡眠影響很大，但Wendy說初次感到被胎兒踢肚子的感覺非常奇妙，感覺彼此很接近，大家關係很親密，成為「媽媽」的身份更強烈。

容易感到疲累

　　雖然肚子越來越大，但Wendy可說非常幸運，並沒有任何不適的情況，例如腰痠背痛，她並沒有出現這問題。但是，始終Wendy需要供應養份給胎兒，加上挺着越來越大的肚子上班，可以想像有多勞累。Wendy說她現在只要走較長的路程，便會感到疲累，這是與剛懷孕時最大的分別，現在只要走短短的路程，便需要坐下來稍作休息，才可以繼續走路。所以，她現在不會去太遠的地方，避免令自己太疲累，擔心影響自己及胎兒健康。

食量大了

　　由於胎兒不斷成長，Wendy需要供應足夠的養份給他，之前Wendy的食量與尚未懷孕時差不多，但踏入這階段則大了許多，很容易便會感到肚子餓。因此，她準備了許多食物放在辦公室，例如餅乾、醒胃的涼果小食等，午餐及晚餐的份量亦增加了。Wendy說每每用膳後不久便會感到肚餓，她便會吃餅乾及飲牛奶來充飢，她會選擇有營養的食物，除了果腹之餘，亦希望為胎兒提供足夠營養。

丈夫幫忙塗潤膚露

　　懷孕後Wendy的皮膚變得乾燥，有時會因為乾燥而痕癢，Wendy的解決方法就是塗抹潤膚露。Wendy說這段期間丈夫比以往更加體貼，對她更加呵護備至，除了晚上從奶奶家帶回美味的食物外，更會幫她塗抹潤膚露。Wendy說雖然懷孕過程會出現許多不適，但是幸好得到家人貼心的照顧，尤其是丈夫對她照顧無微不至，雖然辛苦，但也覺得心甜。

懷孕26-29weeks
腰痠腳痛

Profile

現時體重：63kg

踏入第三階段，Wendy已經懷孕第26至29周了，由於腹部越來越大，除了令Wendy感到很容易疲倦之外。腰痠背痛及腳痛的問題亦嚴重了，令她感到非常不舒服。雖然如此，幸好有細心體貼的丈夫幫她按摩，即使未能完全紓緩不適，也令她倍感心甜。

非常易倦

　　由於腹部越來越大，加上Wendy需要上班，每日舟車勞頓，匆匆忙忙趕乘交通工具，下班時又要乘坐擠擁的交通工具趕回家，再加上疫情關係需要佩戴口罩，這樣令Wendy倍感疲倦，所以，她有時下班便直接回家，待丈夫在奶奶家用膳後，將食物帶回來才慢慢食用。Wendy説由於腹部越來越大，加上非常疲倦，以往可以走一段長長的路也沒有問題，現在她走短短的路程也不可以，如果是一段長路，她需要走一少段，休息一會才可繼續餘下的路程，不能一口氣完成。

腰痠腳痛

　　懷孕周數越來越多，胎兒越大，令Wendy的腹部負擔越來越重。每天挺着越來越大的肚子，Wendy不只感到疲倦，身體亦出現許多不適的情況。Wendy説最令她感到辛苦的是腰痠背痛，不論是坐或站立，都令她感到不舒服。於辦公室的座椅上，Wendy會在椅背上放上靠墊，可以承托腰部，藉以紓緩腰痛。

　　除了腰痠背痛的問題，可能由於支撐越來越重的身體，令Wendy雙腳都感到十分痛楚，所以，在情況許可之下，她都盡量留在家休息，不想走太多路，希望能減輕雙腳負擔。

難以入睡

　　很多孕婦都出現這情況，就是當腹部越來越大的時候，除了令身體出現許多不適的情況外，更影響睡眠質素，Wendy亦不例外。懷孕初期並沒有睡眠問題，但當懷孕周數越來越多，睡眠質素便越來越差。Wendy表示，最辛苦徹夜難眠，整晚輾轉反側睡不安寧，即使她採取左側的方式也睡不穩，不時會醒過來，最令她感到辛苦，是想着明早需要趕上班，但卻未能好好地休息，又擔心睡不好會影響胎兒健康，在左思右想的情況下，更令她睡不穩妥。

　　當睡不着時，Wendy有時只好起床看看電視，或是與丈夫傾訴，當她慢慢放鬆，自然可以入睡。

丈夫為她按摩

　　Wendy雖然腰痠背痛，雙腳又感到疼痛，腹部越來越大影響睡眠質素，令她倍覺煎熬，但幸好得到溫柔的丈夫支持，才能度過懷孕的歲月。Wendy非常感謝丈夫，每當她感到雙腳非常不適的時候，丈夫便會立即為其按摩，雖然只能暫時紓緩不適，但Wendy也感到丈夫對她的愛護及支持。

　　另外，每當購買物品後，丈夫又會負責拿這些物品，不用Wendy操勞。Wendy說幸好在懷孕期間得到體貼的丈夫的幫助，免她過於操勞，又會在她不適時給其按摩，這樣，她才可以無憂無慮地度過懷孕期。

懷孕30-33weeks
胎兒活躍 感到疲倦

Profile

現時體重：72kg

　　追蹤Wendy至第四階段了，她已經懷孕至第33周，胎兒一日一日長大，令她的腹部亦越來越大，加上胎兒非常活躍，不時在腹部內郁動，令需要兼顧工作的Wendy感到吃不消，非常疲倦呢！

經常想睡覺

　　懷孕對於一個女性來說，可謂既興奮，也令人疲倦的事，興奮當然是能夠孕育下一代，擁有屬於自己的寶寶，疲倦自然是因為懷胎十月，需要不斷輸送養份給胎兒，加上腹部越來越大，挺着大大的肚子，令孕婦腰背承受不少壓力，精神自然較差，常感疲倦。現在Wendy已經懷孕至第33周，體重增至72千克，她說小寶寶非常活躍，但她則感到很累，「踏入這階段肚子大了許多，挺着巨大的肚子令我感到辛苦，加上寶寶在肚子內非常活躍，不停地郁動，令我感到很疲倦，經常有想昏昏欲睡的感覺。」身為媽咪當然希望寶寶活躍，代表他健康，但同時令孕婦非常疲倦、辛苦，可見媽咪真的很偉大！

小便次數頻密

　　腹部越來越大，胎兒越來越活躍，除了令Wendy感到越來越疲倦之外，亦有其他不適，令她感到不舒服。「可能由於腹部

越來越大，需要承受巨大壓力，令我的腰部及雙腳都感到越來越痛。加上胎兒長大了許多，壓着膀胱位，令我經常有想小便的感覺，所以，如廁的次數增加了不少。在工作期間經常如廁都令我感到煩惱，幸好同事們都能夠體諒。」經常需要如廁對Wendy來說都頗為煩惱，幸好身邊人予以體諒及協助。

胎兒很活躍

胎兒活躍固然是好事，代表他健康、發育良好，但對於孕婦來說卻恰恰相反，反而令她們越來越想休息，不想走動。「小寶寶真的非常活躍，他經常在肚子內郁來郁去。其實感到他這麼活躍固然開心及安心，令我感到他很健康。而我自己則剛好相反，因為肚子越來越大，我感到越來越疲倦，現階段我反而越來越不想走動，如果可以的話，最好的是整天坐着不動，這樣我會感到非常舒服，不需挺着大肚子走來走去那麼辛苦了。」

食量增加

到了懷孕後期，Wendy的食量增加不少，可能由於胎兒長大得很快，需要營養補充，令Wendy常感到肚餓，所以，她存放了許多有營小食在辦公室，當感到肚餓時，便能夠即時滿足需要。不過，Wendy在懷孕期間口味並沒有太大改變，不如部份婦女會因為懷孕而改變口味，突然嗜甜或嗜辣。

暖男丈夫

Wendy在懷孕過程中，最感激的是暖男丈夫，能讓她減輕壓力。「每次外出購物，都是由丈夫負責提着大包小包回家，家中的大小事務，都是由他負責處理，家務由他一人包辦，我不需要煩惱。日常二人一起外出的時候，他都會小心翼翼地扶着我，擔心我會跌倒。在懷孕期間讓我感受到家人對我的疼愛，特別是丈夫，他絕對是一位暖男，沒有半句怨言，默默付出，令我感到很窩心呢！」

懷孕34-38weeks
提早11日出世

Profile

現時體重：72kg

踏入懷孕第34周，亦是Wendy懷孕的最後階段，陪伴了她將近10個月的寶寶即將出生了，她及丈夫的心情既期待又緊張， Wendy在這期間開始為生產作準備，清潔嬰兒衫、準備嬰兒床，為寶寶打點好一切。就在此時，寶寶突然提早出世，較預產期早了11日，令Wendy手足無措呢！

心情緊張

來到懷孕後期，相信各位準媽媽都非常期待寶寶的誕生，希望能盡快與孩子見面，看看他的樣子究竟似爸爸或是媽媽。Wendy當然不會例外，懷胎10個月，期盼的日子即將來臨。她形容當時的心情絕對是既期待又緊張，希望能盡早與小朋友見面，但亦擔心生產的過程，因為始終是第一胎，不知道過程如何，所以難免會有點憂心。

肚子大了許多

由於臨近生產，所以Wendy的肚子大了許多，她表示當時胎兒郁動次數亦增加不少。胎兒活躍固然是好事，媽咪亦會感到與寶寶更加親近。不過由於到了懷孕後期，媽咪虛耗不少，所以，在這階段Wendy表示感到十分疲累，胎兒經常郁動確實令她感到很奇妙，但她需要爭取更多休息時間，才能令自己恢復精神。

為寶寶做準備

寶寶快將出世，Wendy開始在各方面做好準備，例如準備嬰兒床，又預先清洗嬰兒衫，讓寶寶能夠穿着最衞生的衣物。另外，亦為寶寶準備其他物品，例如奶樽、尿片及其他瑣碎用品。Wendy表示，反而入院需要攜帶的走佬袋，她很早已經準備妥當，這樣便可以備不時之需了。

胃痛原來是早產

在追蹤Wendy懷孕的最後階段，突然發生小插曲，就是她的寶寶提早了11日出世，真的令大家手足無措之餘，又感到生命十分奇妙。Wendy表示，「我原本於4月1日後開始放產假，但就在4月1日當天突然感到胃痛，於公司內嘔吐大作，非常辛苦，同事見狀，立即為我電召救護車，將我送到明愛醫院。於明愛醫院內

進行許多檢查，當時醫生説我應該可以生產了，但由於明愛醫院沒有產房，於是又將我送往瑪嘉烈醫院。但是，當醫護人員將我直接送入瑪嘉烈醫院的產房後幾小時，我卻沒有任何生產跡象，但是胃部仍然持續感到疼痛。即使服用了止痛藥都未能奏效，食飯後又再次嘔吐。」

提早11日見面

Wendy最後於4月1日並未生產，之後她被醫護人員送回產前病房休息，當晚醫護人員為她進行各項檢查，到最後為她注射了第2支止痛針才能解決胃痛的問題。由於擔心Wendy回家後會出

現問題，因此醫護人員安排她留院觀察3天，於4月3日才讓她回家。殊不知就在回家當晚8時出現見紅情況，幸好Wendy之前在瑪嘉烈醫院住了3天，曾看到其他孕婦陣痛良久才能夠生產，加上Wendy剛剛才回家，真的萬般不願意再入醫院，因此，當晚她在家中忍耐至10時多陣痛，痛楚越來越厲害，才決定入院。「當時我擔心影響丈夫的睡眠，因為他明早需要上班，擔心他沒有精神應付工作，但到後來真的越來越厲害，便決定入院。我們到達醫院已經是晚上11時多，我到達病房更換衣物，上完洗手間本來想睡覺，但始終未能入眠，因為又開始十分痛楚，我嘗試落床踱步，希望能夠紓緩痛楚，但都沒有幫助。於是Wendy召喚護士，誰知給她檢查便說已經可以生了，再次把Wendy推上產房，並即刻打電話給丈夫，請他立即來醫院。「幸好最後他趕及前來陪產，最後，寶寶在4月4日凌晨4時多便出生了。」小寶寶突然出生，打亂了Wendy的安排，但慶幸過程有驚無險，能夠提早與小寶寶見面也不錯呢！

十月懷胎的回憶

「這是我第一次懷孕，所以覺得好神奇。懷孕初期有很多不適，如孕吐、失眠、胃口欠佳等，都十分辛苦。不過，第一次胎動時，那種感動，真的令我把之前所有辛苦的感覺都忘記了。還有他在肚內打嗝，那種感覺真的很奇妙。起初都擔心，因為不知道發生甚麼事，後來知道原來是他打嗝，便不再擔心，而且感覺很得意。寶寶陪伴了我10個月，上班放工出街玩，雖然肚子逐步變大，令我感到疲勞，睡眠質素欠佳，而且腰痠背痛，寶寶突然大大力踢我，又會令我嚇一跳，但每次與他談話，他會給予反應，那種感覺好特別。」

懷孕24-25weeks
懷孕後得到好多愛

Case**4**

Mercury

Profile

職業：Head of Business Wire
懷孕次數：第二胎
生產方法：剖腹生產
現時體重：64kg

本身喜歡謝霆鋒的Mercury，覺得謝霆鋒很愛錫妹妹，所以在生了大兒子後，都打算生第二胎，並希望能夠是個女兒，可以得到哥哥的疼錫，今年Mercury如願以償。懷孕24至25周的Mercury，肚子大了許多，為了減輕孕婦常有的腰痠背痛，她靠做孕婦按摩減輕腰背痛楚。

一下子便有了

Mercury用「估不到自己咁容易有」來形容懷第二胎的心情，她説一直都有打算在近年懷第二胎的，因為她自覺年紀已不小，不希望太大年紀才再懷孕，於是在去年為懷第二胎做準備而搬較大的單位。但一直工作都很忙，她本人亦因為工作繁忙而感到很疲倦，所以，雖然夫婦不斷努力，但Mercury直覺認為以自己當時的狀態，不會這麼容易懷孕的。

人生很多事都不在預計之內，Mercury也估不到這麼容易便懷到第二胎。Mercury説當時月經遲了，於是便用了百多元購買了十盒驗孕棒做測試，一看測試結果，Mercury拿着驗孕棒的手不期然發抖起來，因為她自己都不敢相信成功再懷孕了。

生女令樣貌較好看？

很多人説若胎兒是男孩子的話，孕婦會受他的荷爾蒙影響，導致皮膚質素變差；相反，如果胎兒是女孩子的話，孕婦的皮膚質素則會更加好，Mercury認為這個説法套用於她身上並不奏效。她説懷第一胎是男孩子，但皮膚質素並沒有問題，到現在第二胎懷女孩子，皮膚亦沒有兩樣，所以，Mercury覺得懷男孩或女孩對她的皮膚影響並不太大，這可算是Mercury的幸運吧！

沒有工人姐姐的日子

由於Mercury的公司是美國公司，他們容許員工在疫情期間留在家工作，對於懷孕的Mercury來説本來是一宗美事，不用舟車勞頓，擔心自己受感染。但就在懷孕第一、二個月時，工人姐姐決定辭職，而新聘請的姐姐由於疫情關係，遲遲未能上班。本來是一宗美事，但Mercury卻要在這段時間在家工作兼打理家務，以及照顧兒子。她説現在既要煮飯，又要打掃家居，並要接送兒子上、下課及陪他玩耍，Mercury笑言希望新的工人姐姐能夠盡快上班，幫助她減輕負擔，讓她能好好享受這個產前假期。

孕婦按摩防腰痛

　　Mercury以兩次懷孕同期比較，她説第一次懷孕時肚子比較
大，而且是凸肚臍。今次肚子沒有這麼大，而且是凹肚臍。Mer-
cury説第一胎肚子較大，所以兒子出生時亦很重，有8.9磅重。

　　另外，可能由於有懷孕的經驗，Mercury今次已經減少閱讀育
嬰資訊。因為有了上次的經驗，Mercury為了減少懷孕後所導致的
腰痠背痛問題，現時有定時進行孕婦按摩，她説孕婦按摩真的非
常奏效，她現在並沒有出現腰背疼痛的問題。所以，今次懷孕既
沒有嘔吐，腰背疼痛問題也解決了，對Mercury而言感到輕鬆。

懷孕26-29weeks
肚臍好敏感

Profile

現時體重：65kg

　　踏入懷孕第26至29周，孕媽Mercury的胎兒長大了不少，由於胎兒不斷成長，她的食慾大增，肚子亦大了不少，加重了腰部的負荷，令Mercury有「赤赤痛」的感覺，幸好她每兩星期會進行一次孕婦按摩，幫助她減少不適的情況，加上Mercury天生開朗，這幾星期總算順利過渡。

愛美是每個女性的天性，即使是孕婦亦不例外。為了減少出現妊娠紋，Mercury今次很努力使用妊娠紋油，她説感覺妊娠紋油較妊娠紋膏有效，現時丈夫及兒子每日會為Mercury效勞，定時定候為她的肚皮塗抹妊娠紋油，令她感到很窩心。

Mercury説來到這階段，她的肚臍敏感了許多，亦較之前更加凸出來，尤其是在她笑的時候，肚臍凸出來更加明顯。Mercury説上次懷孕時肚臍沒有這麼明顯凸出來，這次明顯了許多，真的意想不到。

食慾增加

Mercury説近來感到胎兒郁動多了，活躍了許多，由於她不斷成長，令Mercury的食慾增加了不少。她説在懷孕最初的3、4個月時很喜歡飲凍飲及嗜甜，但現在口味又不同了，已經不再嗜甜及飲凍飲。而早前做身體檢查時，檢驗結果説她膽固醇較高，醫生説與懷孕無關，為了健康着想，Mercury都盡量減少吃甜點。

而辣味食物一向都是Mercury的至愛，即使是懷孕，她也沒有改變，依然喜歡進食辣味食物。但現在除了仍然嗜辣之外，則沒有特別喜歡進食其他特別味道的食物。可能胎兒不斷成長的關係，她的食慾增加了不少，但為了健康着想，Mercury盡量會控制食量，避免體重過重，或出現其他問題。

定期做按摩

來到第27至29周，可能肚子大了許多，令腰部負荷加重了，Mercury説近期感到腰部很疲勞，雖然並不是很痛楚，但也有少許「赤赤痛」的感覺。為了減輕腰部疼痛感覺，Mercury現在每隔兩星期便到專業的孕婦按摩中心，進行孕婦按摩，能夠幫助她減低腰痛。Mercury説孕婦按摩的確對於減低孕婦腰痠背痛有效，令她的懷孕過程舒服不少。

腿部輕微不適

除了腰部有「赤赤痛」的感覺外，Mercury説於晚上睡覺時，腿部也有輕微抽筋的感覺，不過只是很輕微的感覺，最終並沒有抽筋，沒有大問題。很多孕婦都擔心會出現產前抑鬱，可能Mercury性格比較樂天，整天都嘻嘻哈哈，臉上不時掛着笑容，所

以，懷孕至現在，心情都沒有大上大落，依然能保持愉快心情，開開心心地等待BB出世。

工人姐姐終來了

之前為Mercury服務了一段時間的工人姐姐辭職離開了，但由於疫情關係，導致新聘請的姐姐遲遲未能上班，其間Mercury雖然能夠在家工作，但既要照顧兒子、處理公事，更要料理家務，加上懷孕，體力透支令她感到吃不消。

現在新的姐姐終於上班了，Mercury終於可以鬆口氣，她說幸好兒子願意接受她，姐姐照顧兒子亦不錯，能夠幫助她減輕工作量，感覺輕鬆不少。現在姐姐主要負責料理家務及照顧兒子，購買食物方面依然由Mercury負責，她會隔日購買一次食物，順便給自己透透氣，外出逛逛。

在家工作

由於Mercury工作的公司是美國公司，疫情期間公司安排員工在家工作，對Mercury而言當然是好事，特別是早前新姐姐尚未能上班時，她能夠照顧兒子及處理家務。現在Mercury為了避免在家工作受兒子騷擾，每天都會到屋苑的會所工作，給自己一個寧靜的工作環境，好好的把工作完成。

懷孕30-33weeks
腰痠背痛增加

Profile

現時體重：66kg

　　踏入懷孕後期，Mercury腰痠背痛的問題嚴重了，但幸好沒有抽筋的問題出現，總算不太辛苦。在這期間Mercury趁身體情況許可，便與丈夫及兒子一起享受行山樂，一路上得到途人的鼓勵，令她倍感親切及窩心。

胎兒郁動多了

　　踏入懷孕第30至33周，Mercury表示她的肚子大了許多，胎兒成長得很快，轉眼間已經來到懷孕的後期。Mercury說在這一、兩個星期間胎兒變化很大，肚子大了許多，胎兒急速發展，他在Mercury肚內亦非常活潑，經常動個不停，胎動得很厲害。兒子每次看到媽咪挺着大肚子起身時，都化身小暖男抱着媽咪，說要幫忙把媽咪抱起來，還說BB很大個。Mercury每次看到团团這樣做，都感會甜在心頭，覺得很窩心。

共享行山樂

莫小覷Mercury，以為她挺着大肚子便一定行動不便，在這階段她與丈夫及兒子一起進行了數次行山，有次甚至行了8小時，真的非常厲害，某些平常人亦未必能做到。Mercury説他們一家人前後共行了山5次，她還記得最長的那次行程是行龍脊，本來只是4個小時的行程，但由於她始終懷孕，步履較緩慢，所以，最後花了8小時才完成。

Mercury非常享受每次一家人行山的時光，除了曾前往龍脊外，在懷孕期間曾到寶琳、夏威夷瀑布、大潭水塘、西貢北潭凹、土瓜坪及西貢海下行山，其中西貢海下都花了7小時來完成，真的少一點氣力都不可以，非常佩服Mercury。在行山的過程中，許多途人看到Mercury挺着大大的肚子行山也替她辛苦，途人紛紛叮囑她要小心。另外，亦有途人讚賞Mercury及她兒子很有毅力，一位是孕婦一位是幼兒，但也能夠完成這麼長的行程，非常難得。Mercury説之後還會去第六次行山，她相信這次會是懷孕期最後一次行山，之後要待BB出生後才會再行山了。

為BB佈置睡房

踏入懷孕後期，要準備的東西越來越多，其中一件事便是為未來的家庭成員準備睡房。由於胎兒是女孩子，所以Mercury特別為BB及兒子佈置兩間不同風格的睡房，一間適合男孩子，一間適合女孩子。Mercury説於1月底應該可以裝修完成，對於完成品她十分期待，希望兒子及BB都喜歡睡房的佈置，同時每晚都能安睡，健康快樂地成長。

腰痠背痛增加

當肚子越來越大，Mercury腰部承受的壓力便會越大，對於身材嬌小的她而言倍感吃力。Mercury説由於肚子越來越大，近期她的腰部開始感到痠痛，令她感到吃不消，但幸運的是除了腰痠背痛的問題外，並沒有出現抽筋的問題，否則相信對睡眠質素有很大影響。另外，可能肚子越來越大，令Mercury食慾增加，她表示近期食量較前多一點。另外，令Mercury感到煩惱的問題，是妊娠紋常令她感痕癢，她需要不時搔癢止痕才能令自己稍感舒服。

懷孕34-39weeks
準備迎接新生命

Profile
現時體重：66kg

　　終於來到懷孕的最後階段，Mercury忙於做好各項準備，既要執走佬袋，又要同陪月姐姐溝通，還要清胎毒，而丈夫則要為陪她生產而進行新冠肺炎病毒檢測。大家忙得不可開交，為的只是希望給家庭新成員一個安樂的家。

食芝麻糊清胎毒

　　胎毒意思是指孕婦在懷孕過程中，因種種原因而感受毒邪後傳給胎兒，導致在嬰兒出生後的各種相關症狀，胎毒輕者則小兒皮膚瘙癢、發生紅疹、口瘡、小便短赤、大便秘結等，嚴重者可造成新生兒發熱不退、抽搐、發黃、驚叫、煩躁夜啼等。令孕婦

出現胎毒，可能與她們本身體質或飲食有關。一向嗜辣的Mercury，為了不影響女兒的皮膚及健康，她在懷孕的最後階段為自己清胎毒。「我也有清胎毒，主要食了芝麻糊、腐竹雞蛋糖水及白蓮鬚，希望能夠排清胎毒，不要對女兒健康構成影響。」

事前準備一籮籮

除了為自己清胎毒之外，Mercury一家人還有許多事前準備工夫，大家忙東忙西，只是希望之後可以一切順暢，能夠專心照顧小寶寶，Mercury可以安心坐月。「最後階段大家都非常忙碌，我要執走佬袋，又要安排家中傭人的膳食，先生要做新冠肺炎病毒檢測，因為做了並且結果是陰性才可以陪產。另外，我們舉行了baby shower，得到各方朋友的支持及鼓勵，大家都期待新生命來臨。

可能由於是最後階段，我在飲食方面放縱了，既食壽司，又食雪糕，不像之前般戒口。另外，還要同陪月和工人姐姐做好溝通。最重要是選定了為拍攝new born photography的店子。」看着Mercury列出一連串的產前準備工作，真的忙得不可開交。

腰痛增加

Mercury說在懷孕最後階段身體上的變化或不適並不多，主要是由於肚子大了，令腰部疼痛增加，但她並沒有特別處理。另外，她的雙腳間中有作抽筋的情況，不過幸好最後都沒有大礙，所以，Mercury便可以舒舒服服地度過懷孕的最後階段。

不捨肚子

來到最後階段，由於已經有生產第一胎的經驗，所以Mercury心情非常輕鬆，並不感到緊張。不過，最令她感到依依不捨的是陪伴了三十多周，每日看着變大的巨肚。可能大家會覺得胎兒出生、終於卸貨，不是應該很開心嗎？Mercury說看到女兒出生當然開心，但因為不打算再生第三胎，同時都有少少不期待坐月的日子，因為坐月期間很多事不能做，很多東西不能吃，可能會感到好悶，所以，她有不捨得女兒出生的感覺。

24-25weeks　　　*26-29weeks*　　　*30-33weeks*　　　*34-39weeks*

Part 2

孕媽分娩

懷胎十月，終於要生了，孕媽心情一定十分緊張。

有人分娩幾番折騰才生下 BB，

但也有人只需幾分鐘即生下 BB。

本章有十多位產婦現身說法，

講述她們分娩前及當刻的感受，不容錯過。

極速生仔
只需4分鍾

Fion

Profile

職業：律師
懷孕次數：第二胎
生產方法：順產
出生體重：3.2KG

　　臨盆在即，若醫生遲遲未到，相信任何孕媽都會好緊張，但Fion生兩胎仍沿用同一位醫生，而且還要感謝醫生不忙不亂的節奏，讓兩胎孩子都剛好在吉時順產出生。最後更破了醫生的紀錄，第一胎只是花了15分鐘就把大女兒Averie生了出來，而第二胎更僅花了4分鐘便把小兒子Alaric生出來，連醫生也忍不住説，她是讓醫生「最快收工的產婦」。

最漫長又興奮3小時

　　Fion表示，「分娩那天是我的38周5天，本來約好了產科醫生下午3時覆診，那天早上起床後發現自己有輕微見紅。第一反應是先聯繫我讀醫科的丈夫，他半興奮半裝鎮定地讓我先與醫生溝通，醫生建議我繼續觀察，留意有沒有宮縮情況。」醫生把預約提前到下午2時，從早上11時至下午2時這3個小時感覺，是她人生最漫長又興奮的3個小時，心想和丈夫到養和醫院的「staycation」又要開始了。「於是我便先梳洗，心想這有可能是我生孩子前的最後一次洗澡。」

安全至上即入院

　　吃過中午飯，Fion感到子宮開始有輕微的感覺，像海浪般蓋過來，算不上痛，只能説是間歇性感覺。「但醫生發現我的出血

量越來越多，醫學上叫heavy show，不過羊水還沒有穿，也沒正式開度數。為了安全至上，醫生認為還是盡快入院，所以我便帶上走佬袋出發去養和醫院。」

　　Fion續稱，當她到達養和醫院，完成一系列文件和入院手續後，便被安排到一個臨時產房等待核酸測試結果。「在等待期間，姑娘檢查後表示我當時已開了3度。記得以我第一胎的經驗，我開度數的速度是非常快的。還來不及擔心，我就忽然聽到『噗』清脆的一聲，然後感覺到一陣暖意，我便知道胎水穿了。」子宮也開始收縮得更頻密，「幸好丈夫已經趕到來醫院陪伴。麻醉科醫生在我背部打了無痛分娩針，瞬間覺得子宮收縮好像都離我而去。」短短20分鐘後，姑娘檢查後便發現Fion已經開了5度。雖然核酸結果呈陰性，但等待結果時很快再過了10分鐘，Fion已經開到8度，實在趕不及上病房。想不到這個臨時等核酸測試結果的產房便成為了Fion的正式產房。

4分鐘內Alaric出世

　　醫生到達後，看到子宮全開便跟我說「It's time!」。產房裏大家各司其職，姑娘不停提醒Fion如何用力、丈夫James拿着兩部手機拍攝分娩一刻、醫生興奮地說已經見到BB頭髮。「醫生配合着子宮收縮情況指揮我何時用力，前後不超過4分鐘，一共只推了三下，我們家的二寶Alaric弟弟便呱呱落地。」醫生最後也忍不住誇Fion是最快讓醫生下班的產婦，姑娘也笑說以Fion分娩的速度和效率，可以準備生第3胎了。「寶寶做完基本檢查後便與我做了第一次的skin to skin接觸，並開始努力地吸吮着他人生的第一口母乳了。」

丈夫頓變成問題少年

　　Fion丈夫James本身是港大醫學院畢業，也習慣看這些「大場面」，但原來當親手幫自己孩子剪臍帶時，也會有一點兒緊張和手足無措。Fion指出，「很早已經毫無疑問知道丈夫一定會入產房陪產，記得我第一胎時，丈夫穿上保護衣、帽子和手套後顯得有點手忙腳亂，差點忘記拍照便已經想剪臍帶。到第二胎剪臍帶時，剪下去一刻有少量臍帶血噴了出來，丈夫便哇聲四起，頓變成問題少年，不停問姑娘很多他明明本身已經知道答案的問題。」

大女兒心內已有弟弟

    Fion的大女兒Averie今年才一歲半，在弟弟Alaric出生前，Fion和丈夫已經和她做了不少心理輔導的工作。例如對Averie不停重複弟弟的名字、看見初生嬰兒的照片會提醒女兒這會是弟弟的模樣、和姊姊看很多大孩子照顧小孩子的故事書。弟弟出院回到家後，女兒一開始看見這個寶寶會有點害羞和害怕，只敢用手指頭輕輕碰弟弟臉蛋。隨後的幾天也會不習慣媽媽經常抱住弟弟餵哺母乳，偶爾會表現出一些呷醋的行為。「過了大概兩星期的適應期後，女兒Averie一聽見弟弟哭已經會輕力搖晃搖椅、會主動拿潤膚霜為弟弟按摩雙腿、會拿小廚房的玩具食物給弟弟。

對寶寶的寄語

    Fion和James的孩子一男一女，一「月」一「日」，姊姊的名字叫做「玥茗」，弟弟的名字叫做「日政」。我們希望姊姊能像圓月般明亮，無論遇到任何陰晴圓缺，都能自帶光芒、自信快樂地把握每一個機會、越過每一個挑戰，享受人生。另外，我們希望弟弟能像正午時分的旭日，虛懷若谷，照耀他人，能帶着溫暖、充滿正能量地遇強越強，自強不息，勇敢地守夢、追夢、圓夢。

生孖女
從鬼門關擦身而過

Michelle

Profile

職業：公司董事
懷孕次數：第一胎
生產方法：剖腹
出生體重：2.74kg及
2.85kg

老一輩經常會説：「女人生仔，如以命搏命。」可想而知生仔其風險是何其之大，本文這位孖胎媽媽Michelle，便是從鬼門關擦身而過，這次有驚無險的生產經歷，足以讓她刻骨銘心，十分難忘。

細心丈夫做好準備

和丈夫結婚3年的Michelle，一直都很想有自己的寶寶，也許是越想有，壓力便越大，到頭來是沒有，正當夫婦兩人有點氣餒，不如順其自然吧，在沒有壓力的情況下，便發現有了寶寶，知道有身孕時，真是很開心。Michelle表示，「當去診所檢查時，醫生恭喜我們是孖胎時，雖然自細至大都好想生一對孖胎，因為我的堂家姐是孖生的，但真的是孖胎時，看得出丈夫真是有點緊張，也有點擔心，因為雙倍的支出，便要好好地計算過，但另一方面，他真的是很細心，已立即在網上選購了有助胎兒健康成長的保健品給我，還選購了孕婦衫、孕婦睡衣及孕婦專用的瑜伽衫，鼓勵我多做運動。」

疫情下只能一人面對

Michelle在3月22日下午正當準備回公司，坐在床邊卻感覺有尿滲的感覺，心想剛如廁應該不是瀨尿，便立即入廁所，發現有粉紅色的液體流出，便發信息給私家醫生，他便着Michelle立

即入醫院等待生產。Michelle心想，分娩後不能立即沐浴，還是先享受個暖水浴，約六點才與丈夫到瑪麗醫院，由於疫情加上是政府醫院，一切都較嚴謹，即使當時很想丈夫在身邊，最後丈夫只能陪到醫院門口，便回家靜待消息。當刻只有她一人真的有點驚慌，但一直安慰自己保持鎮定及保持心境開朗，許多孕媽都做過，她都一定得，便鼓起勇氣踏進醫院辦理入院手續。

等2小時深喉檢測結果

Michelle表示，甫進醫院後，護士便開始問她一連串的問題。由於Michelle在2月尾曾確診新冠病毒，院方便立即為她進行快速測試，雖然結果是陰性，但為了更準確，最後都要做了一次深喉檢測。「由於未有結果，我便在醫院等待了兩個小時，當時醫護也不時來到我身邊觀察着我及聽孖女的心跳是否正常。最後醫生來到時，發現我穿了羊水，便通知麻醉科醫生及護士做好準備。」

十多名醫護護駕

約晚上9時許，麻醉科醫生便問Michelle幾時吃晚飯，她答了應是7點前，便對她說應該安排手術大約在一點進行。Michelle指出，「在凌晨12:30護士和我核對資料後，便把我推進入手術室，約1時便開始進行麻醉，整個過程好快，1時28分大孖出世了，1分鐘後細女便出世，當完成了手術後，便把我推回觀察病床。」Michelle當時有少許的害怕，因為只得她一人，便惟有叫自己閉目養神吧！「但期間我覺得全身好凍，不斷地打冷震，接着在十多名醫護的護駕下，度過了生死的時刻。」

半隻腳踏進鬼門關

Michelle憶述，「當刻誕下孖女後，又再次被人推進手術室，不知發生甚麼事，只知道自己仍然是很凍，十多位醫護神情很緊張的為我搶救，整個過程我是在全清醒的狀態下進行，亦知道自己的心跳及血壓不斷上升，他們更為我注射了3支止血針及兩支宮縮針。」原來是子宮收縮的問題，所以導致她大量出血，那刻Michelle也沒有想到會是如此的嚴重，只是聽從醫生及護士的指示，「他們着我怎樣我便怎樣，最後看見他們鬆一口氣時，我便知道自己已安全過渡，這次有驚無險的分娩經歷，足以讓我刻骨銘心，十分難忘。」

沒穿褲子真難受

當一切穩定下來已是大約早上6時30分，他們便推我回觀察病房，但這十多個小時，才是令Michelle感到最難度過。Michelle表示，「在觀察病房內的十幾小時，最辛苦除了是不能進食，連飲水也不能外，最令我感到很尷尬的是為了方便醫護為我定時做檢查，他們沒有為我穿上褲子，試想想十多小時沒有穿褲子真是很難受呀！」

家人及工人合力照顧

本來孖女的預產期應該是4月7日，但現在早了兩星期，請了的陪月要兩星期後才到，突然的變數，單靠一人力量相信都頗為辛苦，Michelle表示，「真是很感激三伯娘這段時間的照顧，知道我有身孕時，已經常燉補品給我補身，以及準備豐富及有營養的晚餐。」孖女出世後，更常常過來燉補品給我，真是非常貼心。」此外，還有好朋友的工人姐姐，也來幫手煮飯給她吃，「連煲豬腳薑都是她代勞，真是好感謝；當然我的工人姐姐也是我的得力助手，她不怕捱更抵夜，每晚和我一起為孖女換片及餵奶，還打理得這個家乾淨企理，真是很多謝家人及朋友工人的照顧，讓我能安然度過這沒有陪月的兩星期，當然陪月到來後，一切更覺順暢，我也多了時間休息，體力也逐漸康復。」

分娩感覺
又痛又爽

Gloria

Profile

職業：全職媽媽

懷孕次數：第一胎

生產方法：自然分娩

出生體重：3.05kg

因為Gloria是第一胎，所以她在臨近預產期時，便開始在網上學習相關的知識，認識將要面臨是甚麼情況，也知道應如何處理，所以分娩過程非常的順利，當聽到寶寶的哭聲時，即使分娩所受的是十級痛楚，她也覺得是很值得，感覺到現在的人生真的是很圓滿了。

心情緊張又興奮

以懷着第一胎的孕媽來說，Gloria可說是很淡定，因為疫情關係，她的丈夫要做快速檢查，當時只有她一個人在產房，當刻她雖然十分緊張，但仍保持鎮定，當丈夫完成測試後，到產房會合她時，怕她沒有力量分娩，更帶了朱古力給她，雖然護士不允許她進食，但Gloria已甜在心頭。

Gloria說：「回想當日辦妥一切住院手續後，做了一些相關的檢查，填了很多表格，最後的幾張令我印象很深。那是關於可能出現的一些併發症問題，看了幾眼已不敢看了，當時心裏是有了一絲的害怕，所以不看吧！」在產房中，她一直和丈夫期待着寶寶出生，心情緊張又興奮，Gloria憶述，「到分娩過程後段，其實也挺尷尬，一直尖叫，披頭散髮，寶寶出生的感覺就像是便秘了許久，突然暢通了，那感覺簡直又疼又爽，身體瞬間便輕鬆了，現在回想起來那種感覺都覺得非常舒服。」

選合適醫生接生很重要

由懷孕初期，Gloria不斷在找一位女醫生，「因為自己怕尷尬，一開始便決定了在哪間醫院生產，並去選擇會在該醫院接生的醫生，幸運地遇到呂醫生，她建議比較適合我的分娩方法，而在每次超聲波檢查時，她都很仔細，耐心地解釋產檢結果，在懷孕過程，面對我的身體不適及問題，總是耐心地替我想辦法解決，一直鼓勵我面對種種的不適，孕期中給我最大的信心與力量，這均是孕婦在孕期中，除了最需要親人的關顧外，醫生的支持也是很重要。」

感謝醫護團隊

雖然分娩過程是很痛楚，但Gloria已忘記了痛楚，只記開心事，也不忘感恩。Gloria說：「這次是我的第一胎，幸運是這次

分娩在愉快、輕鬆的氛圍中進行。分娩過程中印象最深、感受最強的事，便是十分感謝接生醫生和醫院醫護人員，他們的細心及鼓勵，令我在這裏享受到超五星級服務。」當Gloria進入產房後，護士不停鼓勵她，最後連無痛分娩都沒有使用，主要靠用力，Gloria在配合醫生的指示下，隨着子宮的收縮，兒子Theo順利地產出。「個人認為最痛的時刻，便是取出胎盤的時候，由於生產的全程，均是在清醒的狀態下進行，所以當取出胎盤的時候，便感覺到強烈的痛楚。」由於是順產，Gloria休息了一個晚上後，第二天早上已經能下床，令她滿有信心，沒有半點分娩的恐懼，待Theo大一點，她也有計劃懷第二胎，也會找呂醫生給自

己接生。「因為在分娩時有醫生的關心與加油打氣真是很重要，讓我能平安順產，親手迎接我的寶寶來到這個世界上，看到我寶寶的那一刻真的很感動。」

丈夫陪產更安心

Gloria在懷孕期間，已和丈夫商討過，在分娩這個非常重要的時刻，是非常需要有親人陪伴和支持。「可能我們在分娩前，已經看了很多關於分娩過程片段，了解分娩期間所經歷的變化。所以丈夫在陪產時，一直非常冷靜，和我聊天及打氣。為我按摩來分散我的注意力，說一些鼓勵的話，令我能放鬆心情自然地分娩。」

人生很圓滿

Gloria表示，懷胎十月直至分娩，很期待着跟兒子Theo見面。她曾幻想過很多不同的場景，但是真正等生產的時候，一切跟幻想的場景好像不太一樣。「其實生產完的當刻，聽到寶寶哭出的第一聲，那一刻整個人好像發了一場夢，所有事都不太真實，自己終於做媽媽了，然後醫生把Theo包好之後放在我旁邊，看着他又覺得一切疼痛都值得了，瞬間覺得人生就圓滿了，心中只剩下愛與喜悅。明明很累很困，就想看着他，一刻也不想睡。」

對BB的寄語

「經過疫情，發現很多事情都不能控制，學會了好好珍惜現在，還有發現健康才是最重要。疫情中出生的Theo，爸爸媽媽希望Theo能健康快樂成長，學會感恩、尊重和負責任，成為一位有愛心、同理心及同情心的人。希望Theo在沒有任何壓力下長大，成為他自己想成為的人，爸爸媽媽永遠都會一直愛着他和支持他。」

做好準備
輕鬆待產

Zandra

Profile

職業：月子中心創辦人
懷孕次數：第一胎
生產方法：剖腹生產
出生體重：3.3kg

Zandra快為人母，心情特別興奮，由於一切做好準備，所以她由入院至剖腹生產，整個過程非常順暢，出院後立即入住酒店的月子中心，全程有專業陪月團隊服務，24小時的陪月服務，讓她能專心休養身體。

趁等檢測結果先洗澡

由於早已決定在6月18日早上剖腹分娩，所以便早一天入院準備，於6月17日晚上8點便到達醫院，由於疫情問題，醫院都相當嚴格，要求先進行核酸檢測，Zandra覺得，與其要在隔離病房等待幾個小時才有檢測結果，不如趁機先洗澡，最後終於等到結果是陰性，便可以入住病房。

簡單用品入院迎接寶寶

大部份孕媽媽，在懷孕後期都會準備走佬袋以備不時之需，不過Zandra卻沒有這個煩惱，因為她選擇私家醫院，配套設施完善，給孕媽媽準備了很多用品，當她們入院分娩時，只需要準備簡單用品便可以。

在病房待產兼煲劇

由於相隔幾小時便要進入產房，所以Zandra就決定在病房煲劇，早上10時後，姑娘前來到病房為她作進入手術室的準備後，然後將她推入手術室。由於是剖腹產子，所以麻醉師一早已在手術室內等待為她進行麻醉。在手術床上麻醉師先將一條軟細導管經她的背部，置入硬膜外空間，然後通過導管將麻醉藥注入體內，使附近的脊髓神經暫停運作，以減輕她分娩時的疼痛感。

5分鐘待產感覺很漫長

「當麻醉師注射麻醉藥時，真是有點痛，接着雙腳開始沒有知覺。當時醫生還未進來，在等待的感覺上好像很漫長的，雖然只得5分鐘，那一刻對我來說好像等了15分鐘之久，當醫生進來時和我打個招呼後，手術便正式開始，不知是自己緊張，還是麻醉藥的緣故，我的一雙手不斷在震動，其實我已經盡量保持穩定呼吸，後來麻醉師說給我知這是麻醉藥的正常反應，我才安心一點。」Zandra憶述。

流下第一滴眼淚

當醫生為Zandra剖腹時，便讓她的先生進來，本來丈夫想看看太太剖腹的進度，但當時姑娘還是請他坐下，他便在Zandra身邊逗她開心，盡量分散她的注意力，過了大約一兩分鐘，便聽到非常洪亮的BB哭聲，立即升級為媽媽的Zandra，非常感動地流下她第一滴眼淚：「我仔出世了！」姑娘為BB清洗乾淨後，包好便即刻為他們一家三口拍下一幅「全家福」，之後麻醉師加重藥給Zandra，讓她好好地安睡一會，當她睡醒已在病房了。

丈夫全力支持及協助

丈夫雖然沒有看到太太剖腹時的情況，但是有他在身邊對Zandra來說，感到好安心。「看到丈夫見到BB出世那一刻，好開心她緊抱着BB，不斷為BB拍攝，便知道他真的很好開心。」而作為丈夫的他，更是Zandra的親密戰友。丈夫無論是任何一方面都十分支持她，BB未出世時，時常陪她看醫生，由於要處理月子中心的各事務，Zandra已是很忙碌，丈夫總是陪伴着她，即使是半夜時分客人有突發事件要處理，丈夫也給予無限支持。

餵哺BB最好的母乳

Zandra這胎選擇剖腹，主要是擔心不知幾時會作動，若定好了剖腹生產的日子，一切都在計劃中，事情比較好安排，而且剖腹的整個過程完全沒有痛楚，所以當卸貨後的第二天，便可以立即抱BB，而為了給BB最好的，她選擇餵哺母乳，更親手擠出珍貴黃金初乳給BB飲用，「為了能更快上奶，我的婆婆更煲了石崇魚湯給我，助我有多些乳汁及容易上奶。」另外，Zandra選擇坐月在酒店的月子中心，主要是因為有專業陪月團隊服務，全天候24小時陪月服務，幫助照顧新生寶寶，也能紓緩產後情緒和壓力，令她無後顧之憂，可專心休養身體。

對BB的寄語

要孝順長輩，做個對社會有貢獻的好人，希望你身體健康，聽聽話話，父母永遠都是你的避風港，爸爸媽媽永遠愛你。

唔理吉時
緊急開刀生女

Yoyo

Profile

職業：藝人、全職媽媽、KOL
懷孕次數：第一胎
生產方法：剖腹生產
出生體重：3.2kg

不少準父母為了寶寶的美好將來，都會揀好良辰吉日，到吉時便會剖腹生產，但有時因突發性的情況出現，難免會事與願違，到最後還是把寶寶生下來，吉時與否已不再重要。正如本文主角Yoyo，因為在她眼中，寶寶能健康及安全來到世上已是恩賜。

緊張令血壓上升

作為藝人又是KOL的Yoyo，當知道自己有身孕時，真是很開心，期待着寶寶的來臨，所以早早便四出找尋師傅，為寶寶選擇好時辰出世，可能是太緊張的緣故，Yoyo便因在檢查時血壓上升，加上臨近預產期，身體變得腫脹起來，醫生便要求她留院觀察，最後即使是千萬個不願意，但為了囡囡的生命着想，立即入院。回想當日的情況，對Yoyo來説，每一秒都是處於緊張的狀態。

生命要緊

Yoyo在5月25日早上11時30分便到診所進行產前檢查，當時因為發現血壓太高，醫生建議她要馬上入院，Yoyo真是千萬個不願意，因為時辰已擇好要在5月28日生產，但醫生建議她要聽從，便回家執拾入院的行裝，大約14時30分便到達醫院辦手續，進行了一連串的檢查及抽血後，發現她患有輕微的妊娠毒血症，這都是一直未曾出現過的症狀。醫生建議她馬上要施手術，Yoyo當時便和醫生商討，可否等多3天，因為擇好了時辰，當醫生和Yoyo講解遲產利弊的關係後，Yoyo知道若不快快動手術，便有機會令Yoyo內臟器官衰竭，這時已不管擇好的時辰，便聽從醫生立即安排產房，即晚囡囡Bella便出世了。

多謝專業醫生團隊

Yoyo一心想在5月28日剖腹生產，突然間要即日動手術，令她來個措手不及，所以在毫無心理準備下，在房內的她想採取拖字訣，但拖到約黃昏6時，醫生再度進房內通知她已準備好產房，她更是萬分的緊張，在落床需要轉產房的床時，更害怕到腳震震。由於是半身麻醉的緣故，醫生及護士為她進行剖腹生產時，她是完全清醒，的並聽到助產團隊及醫生盡力地把囡囡取出，那一刻聽到囡囡大喊聲，還不知道是囡囡的喊聲時，直至醫

生和她说囡囡已順利誕生，傻傻的她也不敢相信，更忍不住流下開心及激動的眼淚，實在令她太感動了。

捉緊我手給予支持

Yoyo知道丈夫其實好緊張，但為了她，還扮作若無其事，很鎮定的樣子，減輕了Yoyo的恐懼，因為當時的她，真的好驚慌，也記不起當時為何那麼的害怕，只記得丈夫捉緊她的雙手，不停地安慰她，給予她很大的安全感。最後Bella出世，醫生請丈夫替Bella剪臍帶時，她也感受到丈夫的喜悦。兩夫婦見到Bella時，大家都好感動，覺得生命真的是很奇妙，很感恩。

挑選醫院好重要

Yoyo自問不是大富之家，但如果經濟容許，真心覺得到私家醫院分娩是最好的，配套各方面均較為完善，而且醫生、護士、護理人員都很專業及細心，入院時她只需帶備簡單的私人物品便可，醫院會為孕婦準備了很多必需品。「當我有任何問題時，護理人員都會很細心地解答我在分娩時的各項問題，分娩後他們也會很溫柔地照顧我，令我覺得很溫暖，很多人都説會產後抑鬱，在當時來説，我真的沒有半點抑鬱，反而感到很窩心。」

對BB的寄語

最希望Bella健健康康、快快樂樂成長！其實她在肚內時，我倆已為她起了一個泰文乳名，意思是醫生，因她是在疫情下出世，我希望將來她可以成為一位仁醫，貢獻社會，首要當然是Bella也喜歡。

無塞藥 無打針
不一樣的催生

Kristen

Profile

職業：小提琴教師
懷孕次數：第一胎
生產方法：自然分娩
出生體重：3.12kg

Kristen在預產期快到時入了急症室，雖然之後無恙，但為安全起見，聽從醫生建議入院催生，結果有了完全出乎她意料的分娩經歷。她稱，若她再生BB，必定會在私家醫院生產。

快臨盆時被催生

因為懷孕而患上高血壓的Kristen，在預產期前約5天因為有點頭暈和血壓偏高而入急症室，醫護人員檢查胎兒心跳，原本只是預算檢查半小時左右，但結果檢查了1晚，那夜不知何解胎兒非常活躍，整晚心跳快於正常，醫生數次檢查皆表示胎兒在Kristen腹中很精靈。

觀察了1晚後，一切回復正常，然而，醫生表示Kristen算是高齡產婦，擔心多等數天不知會有何事發生，反正胎兒已足月了，不如早少許催生，她便在預產期前兩天入院。

Kristen在5月20日早上約9時30分入院，之後換衣服、「種豆」、檢查血壓等，在病房內身體一早已被束縛住，但她一直也見不到醫生，因為醫生未巡房，等了很久，醫生來巡房，見到她時表示「檢查宮頸」後即戴上手套，然後一手塞入她的下體以作檢查，令她很愕然。

入院後不施針藥

Kristen之前聽説催生是可能會塞藥或打針的，誰知原來是甚麼也沒有！醫生前來只是檢查宮頸，而她不知何謂檢查宮頸，醫生檢查了很久，沒有任何描述，只着她不要和醫生鬥力，但她感到很痛，她形容自己那時是在悲鳴。醫生檢查後説可以了，便離開，隔了一段時間後，Kristen問護士催生是否要用藥的，護士回答説醫生表示毋須用藥，又問她有否見紅，她表示之前去小便時有少許見紅，護士説那便可以了。

因為她是在20日早上入院「催生」的，她一直心想在20日夜晚可能會分娩。到晚上11時許，醫護人員正式通知她要到候產室準備生產，接着突然收起了她的手提電話，之後如有需要，她可用醫院的電話致電丈夫以告知丈夫宮頸開到多少度。

無方法紓緩痛楚

由晚上11時許至翌日凌晨4時許，她一直躺在床上，腹部有一條帶，那是用來檢查胎兒心跳的，一隻手被綁着以檢查她的血壓，另一隻手亦是被綁着以做檢查，令她轉身又不是，平躺又不是，因為雙手皆被綁着，幸好當時的陣痛未算厲害。

接近凌晨5時，她開始覺得真的很痛。之前醫院曾給她填表，說她可以選擇如何無痛分娩，好像有許多選擇似的，又說可以坐生產球，但到她分娩時，便好笑了，她問護士是否有些音樂可令人不痛的，護士說：「哦哦哦」，繼而拿出1部類似收音機的東西，說播些音樂給她聽，然而音樂時有時無，其後，Kristen聽到雀鳥聲和噹噹聲，好像冥想的音樂，然後，聲音時有時無，她忍不住問護士這樣是否正常，護士表示不是，是那部機電力不足，之後她拿出三四部機，皆是電力不足。Kristen心想：「醫院提供的紓緩痛楚的方法其實就是無方法！」如是者，Kristen在床上滾來滾去，其間先後3次致電丈夫說宮頸開了多少。

戴着口罩吸笑氣

至早上7時許8時，Kristen的宮頸開到8度，護士急急推她入產房，她的丈夫亦進入產房。那時Kristen已痛到不大清楚其他事了，入產房後吸笑氣，但卻是戴着外科口罩來吸的，她感到很高難度。迷迷糊糊中，她有時感到好像不夠力分娩，但醫院有數個姑娘恍如啦啦隊般鼓勵她，說快可以了，着她出多些力等，終於，她的女兒在21日上午誕生了。

縫針成恐怖回憶

Kristen續說，她分娩時和分娩後，雙腳一直擱在一個架上，擱了很久，其實是有點麻痺的了，到縫針時，她感到醫生態度不友善，醫生着她自行擺正雙腳，但她當時真的雙腳無甚知覺，她跟在旁的護士說她自己也不知雙腳是甚麼狀況，不知如何才是擺得正。她形容由產後到縫針、離開產房那兩個多小時的經歷很恐怖，她認為整個過程不夠人性化，因她感到凍冰冰，這段恐怖經歷構成她的不愉快回憶。

生第2胎
猶如開party

Kiki

Profile

職業：全職媽咪
懷孕次數：第二胎
生產方法：剖腹生產
出生體重：3.2kg

　　相信生寶寶對於每位媽咪來說，都是既開心又擔心的事情。開心的是經歷漫長的懷孕歲月，終於能夠與寶寶見面，擔心當然是生產需要經歷不足為外人道的十級痛楚。不過對於成為第二任媽咪的Kiki來說，生產猶如開party般，既可以聽着迪士尼歌曲生產，又得到醫護人員細心照料，輕輕鬆鬆就生產了第二個孩子。

輕鬆心情

　　由於已經有一次懷孕經驗，所以，Kiki感覺這次懷孕沒有那麼緊張。她說第一次懷孕及分娩時，由於甚麼也不知曉，所有信息都是從網上、朋友或醫護人員口中得知，完全沒有經驗，心情難免較為緊張。但今次懷孕及分娩則輕鬆得多，原因是已經有上次的經驗，很多過程、感受已經歷過，因此，能夠輕鬆地應付，較為舒服。

剖腹生產

　　Kiki生第一胎時都曾打算採用自然分娩的方式，但由於胎兒沒有轉頭的關係，最後只改以剖腹生產的方式。而這一胎Kiki同

樣採用剖腹生產的方式，原因是醫生表示由於兩胎的年齡接近，擔心若是以自然分娩的方式生產的話，很可能會令之前的傷口爆裂，加上Kiki怕痛，所以為安全起見，生產第二胎時，Kiki還是採用了剖腹生產。

37周執走佬袋

Kiki選擇剖腹生產，她於懷孕第37周開始執走佬袋。Kiki説即使已經懷孕37周，並開始執走佬袋，但都未開始感到緊張，原因是知道準備分娩的醫院能夠提供很好的服務，令她感到十分安心。

Kiki説她當時為自己準備了睡衣、日用品、乳墊、寶寶出院時穿的衣服、奶粉，因為餵哺母乳，所以準備了維他命丸。Kiki一切準備妥當，開始準備心情迎接新成員的來臨。

產前3小時入院

Kiki整個分娩過程都很順利，於生產當天2月28日，大約在上午9時入院。由於要前往醫院，只好把女兒交給姐姐照顧，當時Kiki既惦記着女兒，又想着即將要生產，心情都頗複雜。

她説到達醫院後，醫護人員為她進行不同的檢查及問卷調查，而丈夫則需要進行新冠肺炎快速測試，結果為陰性才可以入手術室陪產。之後丈夫吃過早餐，一切準備就緒，大家靜待醫護人員的安排。

卡通歌陪產

醫護人員一切準備妥當後，便將Kiki推入手術室，丈夫亦緊緊陪伴左右，令Kiki安心得多。為了令Kiki能夠放鬆心情，醫護人員非常體貼，給她選擇喜歡的歌曲，令生產過程輕鬆，當時Kiki選擇了迪士尼的卡通歌，所以，她形容當時的氣氛猶如開party，沒有半點緊張的感覺。進入手術室後大約中午12時，醫護人員開始為其動手術，丈夫一直在旁拍攝整個生產過程，過程相當順利，短短15分鐘小寶寶出生了，Kiki及丈夫終於能夠與新成員見面。

一模一樣

當見到寶寶出生的一刻丈夫都非常感動，雖然第二次當爸爸，但依然非常感動。Kiki説小寶寶剛出生的樣子與大女初生的樣子十分相似，同樣擁有長長的睫毛，十分可愛。

Kiki説大女一直都知她懷孕的，但礙於性格較為內斂的關係，初時不會太雀躍地看小弟弟，但慢慢的開始會主動看看小弟弟。但可能由於小寶寶年幼，Kiki需要花較多時間照顧他的緣故，令大女吃醋，對小弟弟產生一些妒忌感覺，她曾經對Kiki説：「I want to be a baby.」不過相信假以時日，她的妒忌感覺便會慢慢消退，成為愛錫弟弟的小姐姐。

給寶寶的寄語

經歷了懷胎十月，終於與寶寶見面了。寶寶健康出生固然開心，但Kiki對於寶寶離開自己身體感到依依不捨，因為懷孕期間感覺與寶寶非常親密，感到寶寶一日一日長大，真的很奇妙。成為第二任媽咪，Kiki最希望寶寶能夠健康、快樂地成長，將來能夠做自己喜歡的事便已經足夠了。相信這亦是天下間所有媽咪的期望。

打破禁忌
孕期搬屋分娩順利

Kiko

Profile

職業：全職媽媽、KOL
懷孕次數：第二胎
生產方法：剖腹生產
出生體重：3.5kg

　　從前老一輩常説婦女於懷孕期千萬別進行家居裝修，搬家更是不理想，因為可能會對胎兒構成影響。但作為新一代女性，Kiko認為凡事只要小心便沒有大礙，她於分娩前一星期搬進新居，小寶寶在搬進新居後出世，一切順利，寶寶順利健康誕生。

將分娩前搬家

　　Kiko一家本來住在烏溪沙，但後來因為再次懷孕，希望為孩子提供更多活動空間，因此便搬遷至西貢。於搬遷時Kiko已經懷孕至第38周，即將分娩的了，於中國人傳統觀念中，懷孕期間搬遷、裝修是其中一大忌諱，難道Kiko不擔心嗎？「我懷第二胎時，大仔謙謙仍然很年幼，大約只有1歲，性格非常活躍，當時我仍不時與他玩耍，沒有任何避忌。我們一家都是在我即將分娩前一星期才搬到現時居所，之前我們是住在烏溪沙的。初時我都有些擔心的，因為即將分娩，都擔心搬遷太操勞影響健康，但反而家中四位長輩建議我們搬到新居才分娩較理想，寶寶出生後易於適應，我亦可以專心坐月及照顧寶寶，所以，我們便在我分娩前一周搬遷了。」

醫院配套完善

　　大部份孕媽媽都會在懷孕後期準備走佬袋以備不時之需，不過Kiko就沒有這個煩惱，因為她選擇進行分娩的醫院配套完善，給孕媽媽準備了很多用品，當她們入院分娩時，只需要準備簡單用品便可以。「我入院分娩不需要準備太多用品，只需要準備睡衣、日常用品及我和寶寶出院時穿着的服裝便可以，醫院為孕婦準備了很多必需品，對我們來説非常方便及輕鬆，不需要為準備走佬袋而大費周章。」

怕血的丈夫

　　由於Kiko於1月18日早上分娩，所以，她於1月17日晚上便入院做準備。她於晚上7時入院，因為明早需要做手術，所以當晚醫護人員不許她進食，只給她服用胃藥，並為Kiko進行不同的檢查，例如驗血、驗尿及胎動等，之後她便沐浴休息了。

　　於18日凌晨大約4、5時，醫護人員便喚醒Kiko做準備，再次給她服用胃藥，並更換衣服作好準備。大約於上午6時醫護人員將Kiko推進手術室，請她簽署聲明，再於其手上插入針藥。另一方面，醫護人員並叮囑其家人在手術室外等候，當寶寶出生後便可以第一時間與他見面。問到Kiko其丈夫有沒有陪產，她笑笑口説沒有，原因是丈夫怕血，所以，不敢進入手術室陪產呢！

親密的戰友

　　雖然丈夫因為怕血而沒有陪Kiko分娩，但他絕對是Kiko最親密的戰友。「丈夫對我非常支持。我自己並不是一位完美的家庭主婦，以往要打理公關公司，又從事模特兒工作，非常忙碌。後來生了兩個孩子，他們年齡相若，需要花較多時間照顧他們。幸好得到丈夫的協助，他不時幫忙照顧寶寶，記得寶寶出世不久長了玫瑰疹，並發高燒，需要入院治療，我需要專注照顧他，幸好丈夫幫忙，他協助照顧大兒子，又與他玩耍，這樣我才能安心，減輕我的負擔。」

Kiss kiss弟弟

　　大兒子謙謙初時也會對弟弟峰峰產生妒忌，不過幸好Kiko能作出適當安排，令兩個小兄弟變得相親相愛。「初時謙謙對峰峰也會有所妒忌的，後來我們為弟弟準備了一份禮物給哥哥，又不時請哥哥kiss kiss弟弟，慢慢謙謙對弟弟的妒意減少了，他現在很喜歡弟弟，不時kiss他，又要與弟弟玩耍。我希望他們二人能夠一直維持好感情，做對相親相愛的好兄弟。」

給寶寶的寄語

　　我最希望Eden及哥哥將來能夠健康、快樂地成長，他們能夠健康、家庭和諧是非常重要的，兄弟二人能夠一直健康、快樂地成長，亦是我最大的願望。

第二次分娩
心情更緊張

Profile

職業：全職媽媽

懷孕次數：第二胎

生產方法：自然分娩

出生體重：3.62kg

有經驗就能夠減少緊張的心情？這個想法未必能套用在所有人身上。Isabel於年底生產第二胎，估不到這次與生產第一胎時一樣，都需要塞催生藥來催生。對於生產第一胎時疼痛的感覺，Isabel仍然記憶猶新，所以，即使已經有經驗，但Isabel緊張心情更勝第一次，可幸的是，丈夫能夠陪伴在側，一起面對，戰勝十級痛楚。

生第二胎更加快

因為一直以來，大家都認為生第二胎會較生第一胎快，所以，當今次Isabel生產第二胎時，身邊每個人都對她說今次一定會較上一胎生產快。而且生產第一胎時，Isabel是用催生的方法，當塞完催生藥後不久，子宮便開了，接着很快就生了！所以，周圍的人都對她說生第二胎會更加快啊！

心情更加緊張

雖然已經有生第一胎生的經驗，但是Isabel憶述今次較第一胎生產更加緊張，加上今次已到過了40周，而胎兒尚未有任何動靜，所以，最後都是採用催生的方法幫助分娩。

Isabel於10月22日晚上7時入院，之後進行連串檢查，休息過後，於翌日清晨大約5時，護士給她塞催生藥，之後二話不說便帶她到產房準備。在毫無心理準備之下被帶到產房，令Isabel緊張的心情更勝從前。「今次在產房，感覺更加驚慌，因為知道生產那種感覺，真是非常痛的，所以較為緊張，比第一胎生產更加緊張呢！」

很快便感到痛

Isabel被護士塞了催生藥，並送入產房後，清晨5時45分開始有少許痛的感覺，她也不以為然，看着護士們在團團轉，準備生產時需要的工具。到了上午7時，醫生前來檢查，當時Isabel疼痛的感覺已經非常強烈，但是開的度數仍然未夠生產，她只好繼續等待，並承受着疼痛的煎熬，生產的痛楚，真的只有當事人才明白。

睏極餓極等生產

　　到了上午7時30分，大約痛了30分鐘，Isabel説當時好像要想排便的感覺，於是便對護士説「我要屙啦……」護士便協助她作好準備，教她注意既要放鬆又要用力。由於Isabel在清晨時塞催生藥，所以當時的她又睏又肚餓，又要在產房等生產，在生產的那一刻，其實她感到有點肚餓，不過都要硬着頭皮，用盡全身氣力生產。

分娩過程中既要出力、又要放鬆，可是當時她真的感到肚餓，但沒有辦法，她只可以出力及放鬆，因為護士說不可以等得太久，所以，即使Isabel感到肚餓及疲倦，也只可以繼續用力。Isabel覺得生第二胎較為辛苦，因為幼子較哥哥胖一點，需要很用力才能把他生下來。終於到早上8時，好不容易幼子生下來了！生完那一刻Isabel已經累透。

四口之家

辛苦完後，Isabel見到BB感到好開心，她與丈夫第一眼看到BB都覺得很似哥哥，這個小生命由這刻開始便成為他們的家庭成員，他們由三人家庭變成四人家庭，Isabel承諾會繼續努力學習照顧兩位小朋友。Isabel說沒有充足睡眠的生活又開始了，生完那刻真是筋疲力盡，同時很想吃東西。

幸好丈夫陪伴

Isabel表示，幸好今次丈夫能夠陪伴，可以分擔少少緊張的心情，丈夫陪着她一起捱眼瞓，5時多起床，陪着她等待，所以當Isabel生完後，她的先生回家便倒頭大睡。

至於大兒子，Isabel很早已經告訴他在媽媽肚內有個小弟弟，所以，大兒子知道將會有弟弟的。另外，Isabel亦準備了一份禮物給他，大兒子都感到很開心。當大兒子見到弟弟那刻都很乖，他抱着弟弟，十足一個小暖男。

媽媽的寄語

僖僖終於在去年底出世了，希望他健康快樂，做個開心積極有用的人，能夠孝順家人，與哥哥相親相愛，努力讀書就已經足夠了。

18小時
極痛分娩旅程

Wing

Profile

職業：全職媽媽
懷孕次數：第一胎
生產方法：自然分娩
出生體重：3.6kg

　　母愛永遠是最偉大的，從懷孕至生產，隨着身體的變化，孕婦要面對許多未知素。就如今次的主角Wing，由於是第一胎的關係，對於生產完全陌生，以為入院後很快便可以把孩子生下來，殊不知用了差不多兩天時間，用盡各種方法，聞香薰及坐瑜伽球，經歷過死去活來的疼痛，在18小時後，與兒子進壹見面的一刻，終於可以鬆口氣了。

媽媽群組的預告

　　由於Wing在瑪麗醫院生產，所以，加入了該醫院的媽咪群組。群組內媽咪們你一言我一語，大家分享自身懷孕及分娩的經歷，特別在疫情下，大家對於入院生產的細節更加想了解多些。「大家會講講是否需要戴口罩？有些孕婦早產，有些即使催生了3日仍未成功生產，有些早3天入醫院但仍然未有感覺。看到她們的分享，由於自己沒有經驗，都會感到憂心，擔心自己會否如她們一樣呢？」對於新手孕婦來説，看到這些經歷分享，一定會感到憂心忡忡。

牢記疼痛感覺

　　疫情關係，Wing的先生不能陪伴左右，在醫院內Wing只得靠自己面對未知的未來，但幸好護士們照顧有加，態度親切，才

讓Wing稍為安心。後來Wing開始有陣痛的感覺，而且次數越來越頻密及厲害，Wing形容就如想排便的感覺，護士提醒她需要謹記這種感覺，當正式生產時就是這種感覺。

另外，護士們亦很友善，不斷提醒Wing生產時如果用力，下體便會腫起來，令子宮難開，便很難生產了，所以，護士們教Wing正確的生產呼吸方法，幫助她放鬆。但是Wing笑言護士在旁時，她才可以放鬆，當護士離開後，她又開始緊張，想用力生產了。

期望盡快可生產

在漫長的等待過程中，Wing不斷看着時間過去，每隔一段時間，便請護士幫忙檢查是否夠度數可以生產，但往往事與願違，遲遲都未夠3度。當時大家都期望Wing能夠快點生產，於是護士給Wing坐瑜伽球，希望對她生產有幫助。「當時由尚未太痛，坐至很痛，是『拿住拿住』的痛，疼痛感覺令我不能再坐下去，於是只好到床上休息，並且利用止痛藥止痛。」Wing憶述。

擔心「食全餐」

　　由於已經過了一段長時間，Wing都開始為自己擔心，害怕自己沒有氣力生產，需要「食全餐」，即是最後要採用剖腹生產。加上看到另一位孕婦的胎兒未有轉頭，需要緊急生產，更加令Wing擔心，她心想希望自己能夠自然分娩便好了。幸好在經歷漫長的疼痛後，在9月24日的下午，Wing終於能夠憑着自己的力量將進壹生下來。

終於出世了

　　在經歷18小時的生產過程，Wing終於可以與兒子進壹見面，她說見到兒子的一刻，沒有感動的感覺，只是覺得終於把兒子生下來了。Wing形容自己心情矛盾，「看到進壹出世固然開心，畢竟經歷這麼漫長及疼痛的生產過程，但當他離開了自己的身體，卻有一種缺失的感覺，希望能夠把進壹放回體內，重新感受母子血脈相連，彼此貼近的感覺。」

　　問到Wing經過這麼艱辛的生產歷程，會否因此被嚇怕了，以後不再懷孕生產？Wing笑笑口說不會，期望下個孩子的來臨。

生仔

與死神擦身而過

Miller

Profile

職業：全職媽媽

懷孕次數：第一胎

生產方法：自然分娩

出生體重：3.6kg

常言道「生仔就是搵命搏」，將這句說話套用在Miller身上絕對適合不過。她分娩期間正值本港爆發新冠肺炎，丈夫未能陪伴在側，此刻Miller卻要獨自面對驚人的消息，就是胎兒心跳突然下跌，需要立即生產。雖然最終母子平安，但迎來的卻是另一噩耗，就是發覺自己產後不能行動自如。幸好最終有驚無險，但足已令人捏一把冷汗。

幸運的孩子

可能許多準備懷孕的婦女閱畢這篇文章後，會對懷孕生產卻步，大家看到Miller的經歷，都會感到擔心，不過能為人母是上天賜予的喜悅及福份，又何懼之有？謝學賢是Miller及丈夫的第一胎，回想分娩的經歷，Miller都大呼幸運。記得當時他們準備入院，於不同時間各電召了一部計程車，但反而第二部的士先至，於是Miller在丈夫陪同下前往瑪麗醫院，準備生產。

當時，Miller都不知道自己受幸運之神眷顧，在丈夫協助安頓一切離開醫院後，永生難忘的經歷才開始。現在回想起當日的情況，Miller都不停說自己幸運，幸好第二部計程車先至，否則後果不堪設想。

不斷被催生

Miller形容自己的生產過程非常急，陣痛了三日，過程中出現不規律至有規律的痛，到第三日開始見紅，於是便入醫院。在醫院一切安頓及丈夫離開後，護士開始為Miller進行不同的檢查，當檢測胎兒心跳時，大家都立即緊張起來，護士慌忙說胎兒心跳下跌至80，要Miller立即生產。Miller當時透過儀器聽著胎兒的心跳聲，她形容是「一下一下般，跳得很慢、很弱。」她當時都很慌亂，回想懷孕過程一直母子健康，為何會這樣呢？當Miller驚魂未定時，又有另一群護士走進病房，大家大呼小叫地要立即將Mille送入手術室，她需要立即生產。

為母則強

在一片慌亂的情況下，Miller被送進手術室，甫進入手術室，醫生看過資料後，便如同護士們一般，又再催促Miller必須快快生產，否則對胎兒構成危機。

可能是為人母吧！為了胎兒的健康，亦容不得Miller再三考慮，她只可以拼盡全力把孩子盡早生下來，心中只可以不斷祈求希望孩子能夠健康出生。這時Miller用盡全身的氣力來生孩子，醫護人員亦準備了吸盤來幫忙把胎兒吸出來。在全體醫護人員努力下，在短短的十多分鐘，小寶寶學賢總算是有驚無險地出世了。「當時聽到寶寶的哭聲，知道他平安出生了，總算放下心頭大石。但我卻不像其他媽媽般因寶寶出世感動而哭，我反而是因為太痛楚而哭呢！」Miller就這樣獨自與死神搏鬥，順利把學賢生下來。

接二連三的打擊

當大家以為學賢能夠順利出生，便再沒有任何煩惱事，可是卻又有令Miller感到擔心的事情發生了。

由於生產過程時，Miller過度用力生產，導致骨盆底肌拉傷，變得鬆弛，加上生產過程消耗大量營養，令其身體變得虛弱。回家初時，Miller也未有能力可以自己照顧學賢，幸好得到丈夫的協助。

照顧寶寶的問題可以解決，但走路及上廁所卻出現大麻煩。「由於骨盆底鬆弛，我出現了失禁的問題，而雙腳亦變得無力，即使由睡房走到洗手間短短的路程，也需要用上15分鐘。當時真的很擔心，擔心之後是否也是這樣，不能再活動自如，並且會失禁呢！」

勤有功

勤力必定有回報，幸好Miller在面對這麼大困難時，也沒有氣餒，她依照醫護人員的指導，勤加練習骨盆底運動，以及鍛煉雙腿的運動後，大約一星期已經看到成效，失禁的問題得到改善，雙腳亦逐漸能夠活動自如。

回想起這次分娩的經歷，Miller說非常幸運，如果沒有搭上那部計程車，後果真的不堪設想。「回想當時的情況，以往如果發生胎兒心跳弱的情況，醫生多會為產婦進行剖腹生產，可能醫生希望我能夠嘗試順產吧，所以並沒有採用剖腹生產。我覺得如果當時能夠剖腹生產，就不用給醫護人員催促生產，亦不用這麼疼痛了。」這麼疼痛的感受，相信只有母親才能忍受得到。

醫護人員關心
順利生產

Hannah

Profile

職業：幼稚園主任
懷孕次數：第二胎
生產方法：自然分娩
出生體重：2.48kg

　　疫情下令生態改變了許多，以前大家可以在學校上課，現在隨時要在家中，透過zoom來上課。以往太太生產，丈夫可以進入產房陪產，但現在因為減低受感染的風險，太太只可以單人匹馬面對十級痛楚。今期主角黃凱怡，就因為疫情的緣故，只能獨自面對生產過程，其間陣痛令她大叫救命，幸好遇上細心的醫護人員在旁支持，令她能夠順利生產。

心情較平靜

　　黃懷望為黃凱怡的第二胎，相比起第一胎，由於有之前的經驗，所以，今次心情沒有那麼緊張，尤其是於分娩後，知道BB都要送到兒科病房觀察，第二次明顯較平靜，知道不用太擔心。「生第一胎時完全沒有經驗，不知道BB是否有任何問題，所以，會較為擔心；生第二胎時，由於知道流程如何，便沒有那麼緊張了。」面對初生的子女，身為母親的當然希望子女能留在自己身邊，整天望着他們也不會厭倦。

輕鬆入院

　　凱怡從穿羊水至生產，經歷漫長的二十多小時，雖然長時間等待，但慶幸過程尚算順利，而且陣痛的時間不算太長，使用催生藥後數小時，BB便出世了。猶記得在生產前一日上午6時，當凱怡如廁的時候發現穿羊水，於是立即通知家人，她則立即沐浴更衣，準備妥當，以為入院後BB馬上便出世，殊不知還要待二十多小時懷望才與她見面。

納悶散步消磨時間

　　由於尚未能生產，未有半點陣痛的跡象，在醫院期間，護士為了幫助凱怡解悶，以及幫助她能盡快生產，便着她感到悶的時候，可以在醫院走廊散散步，或是坐健體球。凱怡亦有依照護士的吩咐去做，不過始終沒有陣痛的感覺。除了散步及坐健體球，凱怡還會致電給家人及朋友閒聊，又或是上網來打發時間，過程十分輕鬆，完全沒有半點緊張。

向護士求救

　　由於從入院開始，已經超過二十多小時，但凱怡仍然沒有陣痛的感覺，醫生因為擔心胎兒的健康，於是決定於5月16日上午8時為凱怡使用催生藥。在使用催生藥後兩小時，凱怡開始感到陣痛，而且感覺越來越強烈，醫護人員於上午11時把她推入產房，準備生產。

　　由於疫情的關係，公立醫院不設陪產，凱怡只好獨自面對。她回憶說：「我陣痛和生產時都全靠姑娘的陪伴和支持，記得陣痛最嚴重時，我是失控地在床上大叫救命，然後捉着護士的手，叫她『唔好走，救我呀！』現在回想起來也覺好笑。」幸好得到醫護人員照顧及關心，令凱怡感到很放鬆，很平靜。終於懷望在下午1時45分出世了。

興奮又滿足

　　懷望的預產期原為6月9日出世，現在較預產期早了四周出生。經歷過死去活來的痛楚，看着懷中的可人兒，凱怡說看着懷望出世後伏在她的心口，眼仔碌碌，還懂得吮手指，覺得好興奮好滿足，感恩天父賜他們兩個健康的寶貝。

丈夫較冷靜

　　凱怡說疫情關係，丈夫今次不能陪產，上次生懷信時丈夫可以陪產，他都比較冷靜，會在旁邊替她按摩，幫助凱怡紓緩緊張的情緒，這可說是小小的遺憾。

　　至於懷信方面，雖然凱怡有預告給他知道妹妹將會出世，但他好像想像不到媽媽即將要生妹妹是甚麼回事，所以，初期沒有太大感覺，反而帶妹妹回家後，懷信開始會出現吃醋、引人關注的行為呢！

開刀生
忍不住哭了！

Serena

Profile

職業：全職媽媽
懷孕次數：第一胎
生產方法：剖腹生產
出生體重：3.6kg

　　生孩子並不是每位孕婦都有驚心動魄，猶如坐過山車的情節，就如本文的主人翁Serena，她採用剖腹生產的方法，只是十多分鐘一家三口便能見面，但是不論生產過程如何、時間的長短，對於每位媽咪來説都是難忘而珍貴的。

下決定倍安心

　　相信許多孕婦都會為採用哪種生產方式而猶豫不決，既擔心經歷十級痛楚，又希望自己能盡快康復。Serena亦不例外，她也為採用甚麼方式生產而惆悵。後來做了剖腹產的決定，便安心下來。

　　不過始終會有意料之外的事情發生，Serena雖然做了決定，還是想如果寶寶早於剖腹產的日期出生，她就會採用自然分娩的方式。幸運地，寶寶還很安份，一直待在媽咪的肚子裏，直至剖腹生產時他才出生。但不論生產過程如何、時間的長短，對於每位媽咪來説都是難忘而珍貴的，Serena絕對有同感。

嚐盡美食

由於Serena採用剖腹生產，所以她的生產過程不如採用自然分娩的孕婦般情節豐富，但是到了現在她還是對每一畫面也歷歷在目。Serena於事前每日每夜也狂想寶寶何時才出來，令她緊張不安，到最後決定剖腹生產，她的心中有了預算後，就安排產前最後一星期的行程，Serena每天也吃着多個月來一直很想吃，卻要戒口不能吃的美食，例如珍珠奶茶、炸雞等，有了食物的安撫，Serena心情變得輕鬆，安心地等待小生命的來臨。

一夜難眠

Serena剖腹生產是1月10日早上7時進行手術，於是她於1月9日晚入院。Serena說當天晚上她一直不能入睡，只好懷着期待的心情到天光。於10號早上5時，Serena開始梳洗，然後一直在房間來回踱步，直至早上6時丈夫出現在房門，他們也難掩興奮期待的心情，想着還有1小時就可與寶寶見面了！Serena想着與寶寶相處了10個月，到底他是甚麼的樣子？

家人緊緊相扣

於早上7時，Serena被護士推入手術室，她說躺在床上的那刻感覺「這刻」終於到了，但對於即將要進行的開刀手術還是很害怕。過了不久，醫生進入手術室，麻醉師着她曲起身子，之後用一根長針從Serena的脊椎骨縫間注射全身麻醉藥，當時她禁不住說很痛，麻醉師卻笑着說：「當媽的人不怕痛的。」之後她的丈夫也進來了。醫生很快在隔屏後忙東忙西，雖然Serena感受不到任何疼痛，但由於早前她為生產做準備，特別看了剖腹生產做手術的短片，於她腦海中頓時浮現醫生正在割開其肚皮的畫面，一層一層共有7至8層，由於場面太震撼，令Serena忍不住哭起來，丈夫全程緊握她的手作安撫。不到10分鐘，就傳來寶寶的哭聲，Serena及丈夫二人頓時流下喜悅感動的眼淚，終於與寶寶見面了！Serena形容剛出生的寶寶很溫暖，哭聲很動聽。Serena說：「與先生一起經歷的生產時刻，雖然沒有驚心動魄的情節，但寶寶出生的剎那間，卻瞬間強而有力地穩固了大家之間的連繫，感情是無形的，但這個力度卻令他們能實實在在感受得到。」

等待縫針

　　寶寶出生後，Serena丈夫在護士的指引下為寶寶剪臍帶，並拍攝合照，Serena說照片中丈夫的笑容很得意，而寶寶水腫又醜怪的身軀，甚是可愛。之後護士把寶寶抱走了，醫生開始為Serena清胎盤，她說生小孩只是花了5至10分鐘，但事後縫針則用了近1小時，其間因麻醉藥反應，Serena的身體狂震，麻醉師又在其手臂上注射一針，醫生與護士卻輕鬆得很，還在播放流行曲，而她則是任人魚肉的一個軀體，虛脫地等待着醫護人員的安排。

母愛偉大

　　Serena回到自己房間後，護士把剛剛出生的寶寶抱來，剛才匆匆望一眼後，Serena與寶寶終於再次見面，而神奇的一刻發生了，當時原本全身骨頭抖震得咯咯聲響的Serena，雙手扶着床架時，就是床也會被震動得發出聲音來，但當護士把寶寶放在她的懷裏時，她頓時不再抖震了！這是母愛嗎？還是那刻Serena專注於寶寶身上？反正那刻令Serena感到相當奇妙！

給寶寶的寄語

　　「很感動，是生命中無可取替的感動！」那刻Serena看着懷裏的小人兒，他是那麼的細小脆弱，頓時感到自己要變得更強大，要成為他的superwoman，一直保護他成長，「為母則強」這句話就是與生俱來的母性吧！

剖腹生產
笑着迎第二胎

Stella

Profile

職業：家庭主婦
懷孕次數：第二胎
生產方法：剖腹生產
出生體重：3.1kg

　　提到生寶寶需要經歷十級痛楚，相信各位媽咪回想起都怕怕，特別是生產第一胎時曾經嘗試「食全餐」滋味的媽咪，感覺更不好受。今次主角Stella在生產大女兒時便是經歷了所謂的「食全餐」，由自然分娩變成剖腹生產。因為有之前的經驗，所以生第二胎時她選擇了剖腹生產，由朋友操刀替她進行麻醉，丈夫陪產，大家在輕鬆愉快的氣氛中迎接新生命。

生產好輕鬆

　　皓哲是Stella的第二胎，她回想當日生產大女兒的情景，Stella記憶猶新「當時原本想採用自然分娩的方式生產，因為一直未開夠度數，所以為了我及胎兒的健康，最後採取了剖腹生產，這次分娩即所謂的食全餐，用齊各種分娩方式。」

由於有第一次這麼難忘的分娩經歷，所以，Stella在生產第二胎為免重蹈覆轍，決定採用剖腹生產方式，可以省卻不少煩惱。「這次分娩較第一次舒服很多，加上為我接生麻醉的醫生是我的朋友，先生在旁陪伴，所以，整個生產過程非常順利，大家說説笑笑很短時間便誕下寶寶。」

開刀前陣痛

Stella記得她在11月17日晚上入院的，當她入院後便進行不同的檢查，由於已經是深夜，檢查完畢她便進入病房，經梳洗清潔後便睡覺了。但是她萬萬估不到，這位小寶寶那麼配合，於預約進行剖腹生產前3小時便陣痛起來。Stella笑說：「即使預先約定，也未必這麼準確，就在我決定進行剖腹生產前3小時，大約在18日上午4時，我便開始陣痛。當時我即時召喚護理人員，待他們安排醫生及手術室，便開始為我進行剖腹生產。」

朋友操刀

於18日上午6時30分，Stella被推進手術室，由於已經有第一次經驗，加上今次Stella直接採用剖腹生產方式，省卻不少煩惱，而且由熟悉的朋友負責為她麻醉，身為麻醉科醫生的丈夫一直在旁守候，所以，今次生產感覺輕鬆得多。Stella說：「整個過程大家說説笑笑，感覺很輕鬆，而且有第一次經驗，所以不感到緊張。」由進入手術室直至誕下哲哲，只需要短短1小時，哲哲在18日上午7時30分出生了。

見慣風浪

這次能夠順利誕下哲哲，Stella都感到很高興，她說第一眼看到哲哲，如天下所有媽咪看到自己的孩子一樣，覺得他很漂亮、可愛。Stella說能夠得到丈夫陪產，是非常幸運的事，丈夫雖然早已訓練有素，多年來替不少孕婦進行麻醉，對於生產過程已經見怪不怪，但是這次需要面對的，是自己至親

的太太及寶寶，即使平日已經訓練有素的丈夫，也難免會有丁點緊張，擔心他們的安全。當然最終順利在短時間內生下哲哲，大家都難掩興奮心情，由一家三口，變成一家四口，大女兒睿晴升級為大姐姐了。

大女兒「母愛泛濫」

打從Stella懷孕3個月開始，他們已經不時對大女兒睿晴說，小弟弟在媽咪肚子內，當時她經常會錫Stella的肚子，猶如在錫弟弟一樣。所以，當哲哲出世後，小姐姐睿晴對弟弟疼愛有加，Stella記得剛帶哲哲回家，睿晴見到弟弟，她第一時間便擁抱弟弟，還不許媽咪抱弟弟，簡直「母愛泛濫」，非常有趣。不過Stella看到睿晴這麼疼愛弟弟都非常開心及安心，希望姐弟二人永遠手足情深，互相扶持。

給寶寶的寄語

Stella給第二名寶寶改名為梁皓哲，她寄語給哲哲，希望他能人如其名，皓代表走在光明中，做個正直公義的人，哲則代表追求真理。希望哲哲將來能夠成為一個走在光明、追求真理，並擁有正直公義感的人。

催生12小時
剖腹鬆口氣

Carol

Profile

職業：兒童圖書作者、
　　　全職媽媽
懷孕次數：第一胎
生產方法：剖腹生產
出生體重：3.56kg

生仔絕對不是一件容易的事，媽咪及胎兒能夠在懷胎十月的過程中健健康康，已經相當高難度，到胎兒足月生產，又需要面對其他問題，就如嘉妍一樣，發現胎水不足，以為使用催生藥便可以很快與寶寶見面，可惜經過12小時都未能成功，終於還是要引刀一快，不到半小時一家三口終於見面了。

胎水不足

始終寶寶未出生，還存在許多未知數。就如嘉妍一樣，又怎會知道胎兒胎水少，需要催生呢！在10月29日的上午，嘉妍在丈夫陪同下到私家診所進行產檢，醫生為她照聲波後表示胎水過少，於是立即給她寫信，安排嘉妍到公立醫院安排分娩。

於是，嘉妍吃過午餐，回家沐浴及洗頭，執走佬袋，便乘坐的士前往東區醫院。到達後，醫生為她檢查胎心，再照超聲波，結果也發現其胎水不足，之後再用手為嘉妍檢查子宮頸，發現尚未開。於是，醫生向嘉妍表示，會安排她於第二天早上進行催生。

不停滴催生藥

翌日，10月30日的早上九時，嘉妍在產房開始滴藥催生，由於不方便落床的緣故，小便和吃東西也只可以在床上進行。為了能夠幫助子宮盡快打開，護士為嘉妍安排下床坐助產球。其間醫生也有定時用手為嘉妍檢查子宮頸，可惜每次都是失望而回，子宮始終沒有打開。

醫生只好為她再加催生藥，但是結果如一，子宮頸仍然沒有開，也沒有任何陣痛。最後只好一直為嘉妍滴催生藥，然而催生藥了12小時，都是沒有任何反應，最終醫生宣佈催生失敗，需要為嘉妍緊急開刀，準備剖腹生產。

大家終於見面

於是，嘉妍簽紙同意接受剖腹生產。之後，嘉妍開始換衫、護士為其剃陰毛、上手術室屈膝麻醉、插尿喉，完成一連串的程序後，大約晚上九時多，嘉妍的丈夫進入手術室陪產。當時由於麻醉了的關係，嘉妍説當時她的下半身完全沒有任何感覺，只有給推下推下的感覺，以及聽到手術工具聲音。在不足半小時後，大家期待

已久的BB喊聲終於出現了，護士趕緊把BB抱給嘉妍夫婦看，大家終於鬆口氣，當然感到好開心。

　　但由於麻醉藥出現副作用，令嘉妍出現作嘔的感覺，並感到寒冷，更不停打寒顫，麻醉師說這是正常反應，着她不用擔心，之後便把她送回病房，翌日下午嘉妍想要下床，可是感到非常痛楚，幸好得到嬸嬸教導下床和清洗下體的方法，當時BB已經在床邊，姑娘亦開始教授嘉妍照顧初生BB的方法。

新鮮出爐麵包

　　回想起在產房催生的12小時，嘉妍說不斷聽到鄰床一個接一個自己分娩的孕婦的痛苦叫聲，她心裏也感到非常害怕，到催生了6、7小時仍然沒有陣痛反應，於是便與肚裏BB說：「乖！忍埋佢，我哋開刀，媽媽就唔會咁痛。」當得知醫生決定採用剖腹生產時，嘉妍反而感到輕鬆，可能身體上沒有甚麼感覺，更和丈夫談天說地，一直在談他的工作。

　　剖腹生產後，嘉妍的傷口痛了接近1個月，而傷口不適接近3個月。不過，天晴的出現為他們帶來無限歡樂。嘉妍說記得護士抱天晴到她身邊時，她和丈夫也覺得天晴猶如新鮮出爐熱辣辣的麵包，然後他們都很感動，嘉妍說：「我們終於見面了，謝謝你走進我們的生命裏。」

2次剖腹產
各有不同

Katie

Profile

職業：全職媽媽

懷孕次數：第二胎

生產方法：剖腹生產

出生體重：3.6kg

剖腹產子是現在流行的生產方法之一，很多孕媽媽也是為了生孩子才第一次進手術室打麻醉藥，相信各位決定剖腹產子的孕媽媽也是十分緊張。今次Katie會跟大家分享她的兩次剖腹生產經驗，讓大家剖腹生產前不再迷茫不安！

　　Katie現在育有一子一女，兩胎也是剖腹產子，作為過來人她很明白各位孕媽媽對於生產的擔憂，她的兩次生產也經歷過一些特別的情況，第一次是緊急剖腹，第二次是計劃剖腹生產，當時也準備充足，最後順順利利誕下二女。

第一胎原打算順產

　　本來Katie第一胎打算順產，但因催生時BB心跳突然下降，所以改為緊急開刀。經過第一次剖腹產子後，其實下一胎時身體狀態可以的話，是可以順產的，但Katie考慮過自己未必能忍受陣痛過程，加上她得第二胎的時候，與上一胎只隔約三個月，雖然產檢時醫生說傷口恢復良好，可以選擇順產，但Katie考慮到曾剖腹產子的媽媽，下一胎順產會有傷口爆裂的機會，雖然機會很微，約100個中只會有5個，但不怕一萬，只怕萬一，Katie最後都是決定剖腹。雖然傳統覺得順產對嬰兒有好處，但剖腹生產可以更好預計BB的出生時間，相對上所有步驟也比較有預測性，對焦慮型的孕媽媽來說可能是個更安心的選擇呢！

第二胎心情仍然緊張

　　到第二胎時，Katie說雖然已有過第一次的經驗，但再生產時還是很緊張，碰巧當時遇上疫情爆發，醫院很緊張，很多政策都有所調整，例如不可探病，就算可讓家人帶來物品也只準兩人進入，她說當時很擔心老公不可陪產，幸好最後老公也可進病房。但產後的親子時間就取消了，即爸爸不可探BB，只有媽媽可在餵奶時間到BB室探BB。至於產檢方面，Katie說自己算是在生完第一胎後，很快又再度懷孕，那時發現懷孕去檢查後，就決定了下一胎要剖腹產，自己算幸運沒有特別患上妊娠病，胎兒和胎盤位置也正常，故產檢也只要按一般的程序進行就可以，不能特別安排額外的產檢。Katie在第二胎也是去第一胎的婦產科醫生處檢查，很多孕媽媽再生都會找回熟悉的婦產科醫生，比較熟悉自己身體的狀況，也會有信任的關係。

入院前的準備

　　剖腹產子的好處就是可以自己選擇孩子出生的日子和時間，這樣比起順產時要催生及經歷陣痛要有預測性得多，Katie説她可以收拾好東西，做好心理準備才入院，不像第一胎早了一天入院，最後還是要緊急剖腹。她在約33-34周時就在家先準備好炒米茶、煲薑醋等，等坐月時可用，之所以那麼早就準備好薑醋是因為薑醋放久一點，薑的辣味會減低，比較易入口。另一方面，為了迎接即將出生的小生命，當然要先採購BB用品，這件事可以在孕中期就開始做，一方面不用臨急臨忙買必需品，可以慢慢選擇合適、又配合自己品味的BB用品；另一方面，選購BB用品對各位爸爸媽媽來説，也是很難忘的體驗，感受對BB期待的喜悦。

給其他孕媽媽的話

　　Katie説自己第一次是緊急開刀，所有事發生得太快，當時怕得要命，第二次則撞上了疫情，入院時很擔心受感染，又害怕老公不能陪產，幸好都順利度過。建議各位孕媽媽只要放鬆，有甚麼需要，護士們都會幫忙，所以不用害怕。另外就是謹記，在入院前的一餐一定要食得輕盈點，因為在剖腹前都會先「篤手指」驗下有否糖尿等問題，如果食得太油膩，可能會驗出血糖高，那就要再「篤」一次，這種事還是可免則免。

對各位孕爸爸的話

　　孕媽媽在整個孕期都會有不同程度的憂慮，老公作為身邊最親近的人，無異是能給孕媽媽最大支持的人，希望各位孕爸爸可以在老婆開刀產子前，陪她準確入院時和之後要用的物品，如果能陪產的話，對老婆也是一個很窩心的支持。

待產包內容

- 入院文件和身份證
- 睡衣2套
- 哺乳款胸罩
- 日常護理用品
- 濕紙巾
- 細水盆
- 紙巾盒
- 暖壺壺
- 長款衛生巾
- 口罩
- BB用品：衫、帽、手套、包巾

Part 3

孕爸心聲

雖然懷孕分娩之事，男人沒法參與，
但也並不代表可袖手旁觀。作為丈夫，參與的事可多，
無論精神上及身體上也可支持太太。
本章記錄了十多位不同職業的孕爸爸，
他們都以精神及身體上，實際支持懷孕中的太太，
值得孕爸參考。

水警爸爸
與太太上育嬰課

周生 *Profile*

職業：水警

太太：周太

仔仔：Jasper

　　周生是一個新手爸爸，意外迎接仔仔的來臨，但這個美好的意外讓他踏入人生的另一個階段，他也積極學習，成為一個稱職的爸爸，今期來看看他學做好爸爸的故事吧！

　　仔仔到來的時候，周生正在拼搏事業的階段，本來他打算事業有成才好好計劃將來的家庭規劃，但當發現老婆懷孕了，他還是決定欣然迎接新成員的來臨。其實早在老婆有了兩個月身孕的時候，他們就已經發現了，由於老婆的妊娠反應比較嚴重，初期就有明顯的嘔吐和胸脹情況，為了減少老婆的負擔，所以叫老婆辭去工作，好好在家安胎，可見周生也是個愛惜老婆，負責任的男人。但當時的經濟不景氣，周生坦言經濟負擔比較大，加上小朋友的出生意味着家庭的開支會倍增，每個父母都希望能給孩子最好的東西，而實現這些，金錢的付出也是不可缺少的，所以他也感到有些許壓力。但從另一方面看，仔仔的出現也令本來處於穩定關係的兩人早日「拉埋天窗」，不愧是兩人的愛情結晶呢！

147

夫婦齊上育兒課

周生本身是一名水警，當時的工作模式是上班一天，放假兩天，雖然工作性質是全天候比較辛苦，但放假日子比一般上班族多，變相可以有多點時間放在家庭上，陪妻子安胎，他感激自己的同事也很體諒他，會讓他優先編更，讓他可以好好處理家庭事務。他表示作為第一胎的爸爸會比較緊張，也感到很新奇，當然老婆亦然，所以兩人會去上很多關於懷孕和育兒的講座，為未來作好準備。休班時，他大部份時候都會陪着老婆，每次產檢都會一起去，多了解如何照顧老婆。他笑言老婆很會計劃，會遷就他的上班時間，排好去產檢和上講座等的時間表，他只需跟着時間表陪她出席。

作為廿四孝老公，周生覺得自己平時也沒甚麼能幫上忙，只好在小事上任勞任怨，盡量滿足老婆的需求，例如孕媽媽總會心情變化莫測，凌晨會想吃麥當勞，周生也會幫她買回來，平時也不會特別限制老婆的飲食，除非會引起敏感，否則不太會控制老婆的飲食，主要讓她的孕期過得比較舒適。

仔仔心急早出世

本來為了避開預產期，周太決定提早慶祝生日，老婆本身8月3日生日，已把生日會提早到7月31日，但結果寶寶竟然趕上了要在這天出世，周生沒想到老婆竟早了兩個星期穿羊水，當時他正在廚房拿出蛋糕，打算幫老婆慶生，結果聽到老婆大喊穿羊水，他雖然立即心慌意亂，但也一瞬間調整思緒，回復鎮定，扶着老婆到醫院。

他說幸好平時準備充足，聽足講座和朋友的建議，不至於在發生突發事情時太慌張，但後來才發現仔仔出生後，要照顧的時候才是真正的難題。他說雖然上了不少育兒講座和課堂，但真實和教學還是有所不同，很多事需要實際嘗試才可上手，例如仔仔順產時不幸弄斷了鎖骨，令周生周太幫他洗澡時，也要小心翼翼避免傷到他。家中的長輩年紀較大，也沒甚麼照顧嬰兒的經驗，幫不到太多忙，所以周生還是決定請了陪月，幸好陪月給了他們不少有用的建議和知識，讓周生也漸漸上手。

呷醋仔仔黐媽媽

　　周生說仔仔經常晚上會哭鬧扭計，還會鬧夜奶，而且非常黐媽媽，媽媽上廁所和入房一會也會哭鬧起來，而且還一定要媽媽哄才可，令周太有時也有點頭痛。看周生成熟穩重，想不到看到仔仔只黐媽媽，自己也不禁有點呷醋，甚至有時會有點生氣，可見周生也是個十足的「兒控」。但他隨即幽默地說「這樣也好，我的工作量就減少了」，他也明白寶寶和媽媽親密的關係難以割裂，坦然接受仔仔只親媽媽的「偏心」，笑說因為仔仔還在喝母乳，覺得仔仔在長大後會開始親他，多陪他玩。

希望仔仔快樂成長

　　周生說覺得小朋友有兄弟姊妹會比較好，自己的兄弟姊妹都在外國，而且親戚都住得比較遠，有時會感到有點孤獨，所以希望再生一胎可以有同輩的ＢＢ跟他玩，期望在這一兩年會有第二胎，男女都沒關係，長大了可以互相照應和陪伴。問到周生對仔仔的期望時，他只輕描淡寫地說：「我只希望他開開心心，將來好好讀書，找到一份不錯的工作照顧好自己，當然最好也能照顧好爸爸和媽媽了。」他笑說現在寶寶已經23磅了，要鍛煉好臂力才能抱實他，可能自己愛運動的基因遺傳了給他，仔仔的個性比較活潑，最喜歡騎膊馬，很喜歡坐在自己的頭上。

攝影師爸爸
變多功能爹哋

Wilson's *Profile*

職業：攝影師

太太：Wing

大仔Max、細仔Xam

　　爸爸Wilson與老婆Wing同是攝影師，老婆生產過後，愛錫家人的他負責起打點家務與湊B的任務，成為一個多功能爸爸，以下一起來看看Wilson的育兒心得吧！

　　先將水倒入奶瓶，加入份量準確的奶粉，裝上奶嘴和奶瓶蓋，搖晃奶瓶，準備好一切後，將奶瓶放進寶寶的口裏，寶寶的小嘴貪婪的不放過每滴奶，統統都吸進肚子。

　　一系列熟練的沖奶動作，一點也難不倒攝影師爸爸Wilson，自從與老婆Wing一同開了個人工作室後，Wing在旁忙碌時，Wilson便會分擔照顧家人的工作，不論是家務、煮食、接送大仔上下課，還是湊B都由他一手包辦，可說是個多功能爸爸！

再次成為爸爸

對於Wing再度懷孕誕下細仔Xam，Wilson笑言指太太主動想再要小孩，自己是被動的，只負責輸送「一些東西」給太太。再次成為爸爸，他表示「第二次做爸爸好玩好多，因為已經有經驗，反而第一次甚麼也不懂，不會享受湊仔過程，加上當時工作比較忙，很多事都交給了工人姐姐。」今次全力照顧寶寶，Wilson不敢懈怠，他會上網找資料學習，加上以前上過產前班學習，對照顧工作更事半功倍。

Wilson指「第一胎比較緊張，第二胎會比較輕鬆。」寶寶出生的第一個月，半夜難免會哭鬧，而且也需要餵食。「女人生產完很辛苦，我盡量幫手！」Wilson指由於太太產後一個月期間既要坐月，而且奶量不足，自己則負責半夜起床照顧寶寶，讓老婆有充足的休息時間。

不勉強太太母乳餵哺

　　近年來有更多人提倡母乳餵哺，但是Wing的奶量不足，因此需要以奶粉滿足寶寶的每一餐。Wilson對餵哺母乳或奶粉表示沒有所謂，認為應該順其自然，只要老婆感覺舒服就好。由於老婆於第一胎為餵母乳受壓而落淚，加上在網上見到有媽媽埋怨餵母乳辛苦，所以他指無必要強求媽媽餵哺母乳，可能會弄巧成拙，對親子關係亦不是好事。

把握親子時光

　　雖然大仔Max已是個小學生，但寶寶出世後，Wilson也不會因而冷落他。在一星期五日的上學中，他總會抽2至3天，早上6時起床煮早餐，送大仔上學後，再煮飯給老婆，下午2點去接大仔放學。Wilson指保持與兒子的獨處親子時間，是作為爸爸最基本的任務。

　　家中有部投影機及大熒幕，猶如一個小戲院，Wilson與家人親子活動則是一起看電影，他透露Max「好多疑問，會一路睇一路問」，亦指Max以前鍾意去公園，現時卻愛去深水埗看遊戲機，但不會「扭買玩具」，反而更愛看書，甚至會看書達幾個小時。

說得出做得到

「人應該是個獨立的個體，不應該因你是我兒子，就要聽我的話。」Wilson認為作為家長，只會對兒子灌輸對錯的觀念，而不應將個人觀念強加於他們身上。對於兒子，他只有一個簡單的要求，就是「講得出就要做得到」，兩夫婦不要求兒子考到優越的成績，但若果他們訂下目標的話，就要做到，不可信口開河，對自己要有要求。Wilson亦強調要做個誠實的人，若果兒子說謊，他亦會作出懲罰。

面對兩個小孩，作為爸爸的耐性絕對不能少，Wilson稱平日情緒化的自己，有了寶寶之後，情緒反而能控制得到，而哥哥亦很懂事，會幫忙照顧弟弟，遇到弟弟哭鬧時則會哄他睡覺。照顧家人的重擔落在Wilson身上，他也忍不住感嘆：「真的很累，其實沒有時間做自己的事情。」訪問前一晚，Wilson忙至深夜4時才睡覺，但他以從容的心態去面對，不時戲弄寶寶，裝作要將他拋起，嚇得老婆連忙阻止。

零售業爸爸
工作狂變family man

Steve's *Profile*
職業：零售
太太：Eliza
大仔Lucas、二仔Aiden、
細女Sylvia

今期的主角爸爸Steve在有小朋友前，是個不折不扣的工作狂，但在孩子出生後，他意識到自己身為爸爸的責任，努力學習家事，逐漸成為一個「黐家」的顧家爸爸，來看看他分享做爸爸的心理變化吧！

　　Steve原本是個以事業為重的男人，自從老婆Eliza懷上第一胎，他發現自己的身份改變，不只是個丈夫，更是個爸爸，雖然兩夫妻本來就有生小朋友的計劃，但真的發生時，他直言：「跟想像中還是有出入，有些事未經歷到有小朋友真的不會明白。」

面對困難需保持正面

　　Steve知道老婆懷上第一胎雖然開心，但坦言從男人的角度看，有了小朋友意味着自己的心態在各方面也要有調整，有很多東西要準備，事業、時間分配也要有新的考慮。以前Steve會比較着重工作，老婆甚至形容：「他工作時就不記得我了。」但在老婆懷孕後，Steve覺得自己要分配多些時間在老婆和家庭上，尤其第一胎Eliza作小產，有出血問題，令Eliza無時無刻都擔心會失去胎兒，情緒十分波動，甚至有點抑鬱，Steve直言自己能做到最重要的事就是多陪伴老婆，「有時她會跟你說些很負面的話，我知道她有很多心理負擔，所以就算擔心也要保持樂觀，要正面些，多些關心她，噓寒問暖，會讓她感覺安心一點。」作為老公的角色，Steve雖然不能幫助老婆的作小產問題，但他說要讓老婆感到有人在陪伴她、支持她，不能讓她覺得自己「孤身作戰」。

與孩子一同成長

　　很多人以為男人不懂照顧小朋友，但其實只是肯不肯去做，Steve表示生小朋友後會面對更多困難，但從另一個角度看，他其實學會了解決很多問題，他說：「這是以前沒有小朋友時不會面對的，小朋友不會說話，我開頭不懂照顧，很多事真的不知道如何處理，但後來經驗多了，就發現其實與學習其他事情一樣，都是需要努力。」Steve在成為爸爸後也有所成長，變得更有承擔，處理生活和家庭事務的能力也更得心應手。

　　至於談到對小朋友的期望，Steve表示會由小朋友主導：
「他們將來的成就不會是我們能掌控的，現階段只要有禮貌、懂
得尊重人就可以，不想他們覺得父母是強孅他們的。」Steve表
示孩子快樂才是最重要的，希望自己是輔助和支持的角色。

承擔責任努力學習

　　跟很多新手父母一樣，Steve和老婆在第一胎期間都面對很
多困難和挑戰，他們都有過擔憂、迷茫的時候，但Steve相信
「只要努力沒甚麼做不到」，他直言：「如果你覺得自己做不
到，就永遠做不到，只要肯嘗試，努力做，總會學識。」原本對
家務一竅不通的他努力學習，遇到問題就上網搜集資料或問朋
友，開始學習做各種家務、照顧小孩，在老婆懷第二、三胎時，
工作後就回家幫幫忙做家務，放假幫手湊小朋友，做一個「有肩
膀」的男人。現在要兼顧工作和家庭，Steve直言沒以前自由，

但自己也有點「收心養性」了，會想家，「因為多了一份關顧，始終小朋友在家等着自己，以前兩個人要顧忌的沒那麼多，放工後8-9小時可以去行街食飯，現在就盡量留在家，就算外出也會顧着採購小朋友的必需品。」雖然多了負擔，但Steve表示湊仔過程中帶給他滿足感，也享受變得更融洽的家庭生活。

驚喜哥哥疼惜妹妹

　　由於兩夫妻第一、二胎都是男孩，到第三胎發現是女孩時，Steve和老婆都感到十分幸運，Steve坦言：「對妹妹會感覺自己溫柔些，始終女仔感覺會溫馨些。」看來對着「上世情人」，大男人都會柔軟下來。Steve還有一件出乎意料的事，就是想不到家庭成員增加，大家卻更融洽，大仔和二仔都對妹妹很好，甚至會想照顧她，「本來以為人多了會很嘈，但原來不是，团团們反而表現出很喜歡妹妹，例如妹妹喊，哥哥反而會第一個衝過去，或提醒爸爸妹妹哭，雖然他們不會表達，但知道他們有疼惜妹妹的心。」

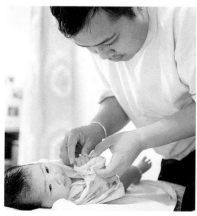

社工爸爸
好老公兼好爸爸

Derek's *Profile*

職業：社工
太太：May
仔仔：Damon

　　本文的主角是上年尾得豬寶寶的爸爸Derek，身為社工的他早已有接觸幼童的經驗，可是實際要湊B時，又會有甚麼不同的感受呢？Derek坦言生小朋友後生活變化大，到底他是怎樣做好身為「老公」和「爸爸」的角色呢？我們一起來看看他的分享吧！

　　Derek自言很喜歡小朋友，故結婚不久後得知老婆懷孕雀躍不已，他是個很有自覺性的人，說「老公」的角色在老婆孕期很重要，他會自己上網學習，平時多留意甚麼食物對孕婦好，又參加產前班學如何幫老婆按摩，令老婆孕期過得更舒適。Damon出生後，夫妻兩人一起湊B，在面對生活的改變仍相處融洽，全靠兩人溝通得宜的相處方式。

陪產感無助落淚

　　雖然懷孕和生產都是媽媽負責的事，但愛惜老婆的Derek深知這不是件輕鬆事，在老婆孕期間亦盡好本份，滿足老婆需求，與老婆一同裝備自己，準備迎接BB的來臨。May的生產過程不算十分順利，「看到她在產房待了十三、四個鐘，自己在外面等的時候真的會胡思亂想。」Derek回想起陪產時，看到老婆在產房努力了十三、四個鐘BB仍未出世，心痛之餘十分擔心老婆和BB的安危，自己卻甚麼都做不到，只能在旁安慰打氣，不禁無助落淚。「看到她已經沒甚麼力氣，當時真的有點怕生不到。」他説當時簡直就像電影情節，每一秒都提心吊膽。

活用經驗教育嬰

　　Derek身為社工，以前有機會接觸不同家庭和成長服務，他坦言未有小朋友前很難指導其他家庭如何照顧小朋友，就算給建議也欠缺説服力，而且他也有感育兒必須親自上陣，才能真正體會和了解到如何正確育兒、小朋友的日常需要、如何跟他們交流等技巧。有了Damon後，他明白到小朋友需要多點互動和關愛，自己也主動分擔育嬰工作。「有了切身的體會，不但知識和經驗變多，自己也可以作為過來人與其他父母分享。」Derek承認成為父親，思維亦有所轉變，人變得更成熟，其人生經驗亦可活用於工作中。

夫妻溝通最重要

老婆懷孕時，Derek已經是個非常貼心的老公，他說雖然太太孕期情緒尚算穩定，但自己也要更細心去觀察她的需要，家中大小事務盡量出一份力，幫老婆留意孕婦好物等。當Damon出生後，兩夫妻便要開始適應家庭的轉變，由二人家庭變成三人家庭，Derek說其實從結婚開始到生小朋友，人生階段都在不斷轉變，Damon出生後，兩人要分配照顧兒子、家務的工作，又要在照顧家庭同時兼顧工作，有時老婆也會有些埋怨，覺得Derek對她的關愛減少了。「家庭中多了新成員，時間就只有這麼多，不同以往只有兩個人，專注力難免有點分散，這在我們雙方身上都會發生。」Derek說她明白老婆的顧慮，設身處地，要互相體諒。他表示有問題就需要好好溝通，有爭執時，最重要大家都心情平復後才好好討論問題，因為有情緒的爭執難以解決問題，和諧地討論出共識，才能互相尊重地相處下去。

學巧妙分配時間

未有小朋友時，Derek和May兩人世界可以自由自在，現在家中有幼，很多行動都要顧及家庭，但Derek覺得最重要是能好好分配時間，平衡家庭、工作和私人活動。「其實從結婚開始，生活都會有不同程度的改變，我也逐漸適應平衡好各方面，例如以前可能每個月會出去聯誼、見見朋友幾次，現在較忙就改每個月一次。跟老婆那邊也一樣，我們偶爾也可以兩人去拍拍拖，不是說小朋友出世就要放棄以往的一切。」他說只要巧妙分配時間，就可平衡私人和家庭生活，身心也能更好地享受生活各部份的樂趣。

韓國爸爸
為囝囝減肥20磅

Jin Yoon's *Profile*

職業：研究部分析師
太太：Kaman
大仔Noah、細仔Luka

常言道母親是偉大的，但今時今日做父親的職責絕不會少，既要外出拼搏工作，返到家還要湊仔，身兼多職，但對於40多歲「高齡」韓國籍的爸爸Jin Yoon來說，不但沒有嫌棄辛苦，為了照顧囝囝更減肥20多磅，誰說父親不偉大！

眼前的韓國籍爸爸Jin Yoon個子高大，身高193厘米，戴著一副粗框眼鏡，不要看他高大身形會凶神惡煞，當他出聲時卻變得溫文爾雅，特別當他看到兩個囝囝的模樣，一副甜甜又冧的樣子打從心裏散發出來。提到再做爸爸，角色會否有所不同，Jin用英語說：「如果早知再做爸爸的感覺是如此甜蜜開心，我會再早些生，今次我是第二次做爸爸，我覺得整體好過第一胎，大仔好易湊，所以令到我和太太想生第二個。」

囝囝trouble 2活躍爆燈

Jin是個偉大的爸爸，為何這樣說？原本230磅的Jin坦言自從大仔出生後，發覺要很多體力照顧囝囝，特別是大仔trouble 2階段，極度活躍，需要大量體力照顧他，所以當他得悉太太Kaman懷有第二胎時，他決定減肥，Jin說：「太太懷有大仔時都不覺得自己肥有所影響，但當兒子越來越大，要經常陪他玩，覺得體力不夠，有點透不過氣來；到太太懷有第二胎時，我決定減肥，有體力照顧囝囝之餘，又可以讓她休息，而我減肥是斷食2日，戒肉，5日行山，結果順利減了22磅。」太太懷孕增肥，而Jin則減肥，兩個人走在一起相映成趣。

嚴格要求高的爸爸

一個家庭都要有不同的角色，而Jin的角色是甚麼？他笑說：「我自問是個要求高的人，在家裏擔當風紀隊長的角色，負責紀律，當囝囝做錯事時便會立即作出糾正。我也是個有原則及嚴格的爸爸，工作時工作，遊戲時遊戲，同時對囝囝有期望，對他們的飲食也十分嚴格。」

自信給自己90分

已是第二次做爸爸，問他最叻是甚麼？Jin說：「我沒有特別擅長的，樣樣都懂得少少，不過以餵奶較為叻。我會懂得體諒太

太的,當她懷有第二胎時,我知道她難免有妊娠不適,都希望她有休息時間,加上大仔正值活躍的年紀,經常周圍走來走去,故要帶他去公園玩滑板車放電。」

　　問他做爸爸的角色有幾多分?Jin滿懷自信地說:「我本來給自己100分,但做人要謙虛些,因此給自己90分,我凡事都以团团為重心,當他在家時就會陪他,除了和他玩耍之外,又會親自帶他返學,除此之外,約朋友也會當团团睡覺後才出去。」問到這個90分的爸爸有甚麼要改善?Jin認真地說:「耐性!特別是對着一個trouble2的团团,他經常周圍走來走去,沒有停下來,一句說話要講10次才聽懂,是訓練我的耐性。」

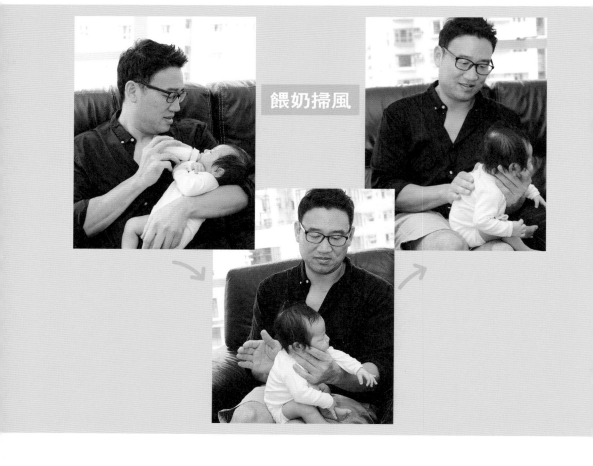

餵奶掃風

喜歡孩子的Jin會否同太太生第三個？Jin笑說：「這個問題真是要三思，今年已44歲了，年紀大了體力也有限，加上香港物價太貴，真的很大負擔，不過如果真是再有第三個，我也希望是仔，因為生女我會心軟。」

太太給95分

　　至於Jin的太太Kaman卻給老公高分，她說：「我覺得他的耐性一日比一日好，他會好主動幫我，叫他做的事從來不托手踭，特別我懷有第二胎時，每天都會問『你今日辛苦嗎？』他又會幫手湊大仔，好讓我有足夠時間休息，故會給他95分！」

體育老師爸爸
太太差點流產

黑豬 *Profile*

職業：中學體育老師
太太：Annie
大仔語心、二女語思、
細仔語信

相信大部份的父母都期盼着，寶寶能夠健康平安地誕生，但不是每個人都能順順利利。黑豬和太太便經歷了提早穿羊水、胎兒臍帶纏頸和轉不了頭的恐怖，差點便失去了一個小生命。今期一起來看看，爸爸黑豬的心聲吧！

疫情更多時間陪伴

已經是兩個孩子爸爸的黑豬表示，第三胎順其自然就來了，但他很樂意有第三個寶寶。太太Annie懷孕首三個月孕吐反應屬害，黑豬便到處問朋友意見，想盡辦法幫助Annie。聽說滴雞精可以緩解孕吐後，黑豬便馬上給她買來了。Annie孕期撞正疫情，而本身工作繁忙的黑豬改成了在家辦公，反而和Annie之間有了更多的溝通和關心，「衰得嚟又唔係太衰」，這也讓兩人的感情得以跨出一大步。

太太14周穿水

然而飛來橫禍，當Annie懷孕第14周的時候，竟然穿水了，連血都流了出來。她被急忙送進醫院照超聲波，發現胎水少了許多。醫生告知，胎水變少是沒辦法再增加的，雖然寶寶尚有心跳，但兩位仍需要做好流產的心理準備。聽到這番話的黑豬深受打擊，「為甚麼上天給了我們一個生命，最後又要收回去呢？」當他走到超聲波前看胎兒的時候，害怕這將是最後一面了。黑豬發現，這時人已經做不了甚麼，只能誠心祈禱，期盼可以救回這個生命。

樂觀影響太太

Annie在醫院住了20天，不能下床，時刻觀察着胎兒的安全，而胎水仍在不斷滲漏。雖然醫生護士都已經打定輸數，但黑豬夫婦仍在堅持。這段期間，黑豬既要兼顧工作，又要照顧大仔和二女，也頻密地到醫院為Annie送生活用品和湯水。受疫情影響，黑豬不能探病，每次只能在門口給太太遞東西。在無法見面的時光，兩人依靠電話聊天。Annie回憶，那時候黑豬給予她很多安慰和鼓勵，因為夫妻二人都是基督徒，所以黑豬經常給她講聖經。她笑稱：「黑豬的樂觀也影響了我，雖然發生了很多事情，讓我很疲憊，但仍很期待寶寶的出生。」

受臍帶纏頸波折

　　其實，黑豬的樂觀並不能掩蓋他的緊張和擔憂，他表示：
「每次去醫院，都不知道明天寶寶還在不在。」就這樣日復一
日，幸運的是，到了太太懷孕大約9個月，胎兒依然平安無事，
連醫生都不相信Annie曾經在14周穿過胎水。這千萬分之一的平
安機會，被黑豬和Annie捉住了。然而一波已平，另一波又起，
產前又發現了胎兒轉不了頭，而且臍帶纏頸。「我的人生從來未
試過這麼大的起伏，感覺有一些抑鬱。我經常責備自己，是不是
我們做錯了甚麼，沒有將小孩照顧好？為甚麼要這麼對我？」黑
豬上網做了很多關於臍帶纏頸的資料搜集，然後傳送給太太，希
望能鼓勵她，同時也安慰自己。「我上網時也看到，原來身邊有
很多人都在經歷着不同的苦難。感恩身邊有很多關心我們、為我
們代禱的朋友。」

始終相信希望

　　而奇跡竟然真的發生在黑豬和Annie身上！寶寶出生前，纏繞其頸部的臍帶竟然鬆了，於是用人手推肚，寶寶順利出生。黑豬表示，這是最後一個寶寶了，不會再生下一個，所以會更加珍惜。「我的大团团叫語心，囡囡叫語思。作為一個基督教家庭，我們希望可以將神的話語放在心中思考，並且相信，於是我們為細仔取名語信。世界上有很多事情都是沒有把握的，但我們仍要去相信。」

更珍惜擁有

　　語信的到來，讓黑豬一家更珍惜眼下擁有的一切。黑豬稱：「雖然後來沒事了，但仍然事事小心，變得比以前更緊張，覺得隨時會失去。」為了讓Annie多休息，黑豬抽出了更多時間在家照顧兩個大孩子。除了送語心和語思上學，也會早點回家帶他們到外面活動玩樂，而Annie則留在家裏照顧語信。「但我覺得自己可以再做得更好，再爭取更多的時間留在家裏。」

　　講到語心和語思，黑豬笑稱，囡囡語思曾撒嬌表示，自己不想要妹妹，她希望自己是唯一的妹妹，又可以做唯一的姐姐，而現在作為姐姐的語思，向弟弟語信傾注了許多的感情。至於大仔語心，看到媽媽穿水被送上急救車時，以為媽媽要死了，「他總是要黏着太太，睡覺也要黏着，害怕失去媽咪。」黑豬表示。

黑豬的育兒秘技

　　黑豬表示，作為中學老師的自己較擅長教育孩子。當孩子犯錯時，他不會罵他們。例如孩子對他人沒有禮貌時，他不會責備「你唔好咁冇禮貌」，而是用正面話語告訴他們「你應該要有禮貌」，也會引導他們換位思考，「如果人哋咁對你，你會點？」

暖男演員爸爸
家人大晒！

Charles's *Profile*

職業：演員

太太：Linda

仔仔：范皓然（Aidan）

演員給人刻板印象總是超級忙碌、作息不定時、難以轉行等，今期就請來演員范仲恒（Charles），分享他在太太孕期時如何平衡工作與照顧太太的時間，以及和寶寶在異地生活的心聲，一起來看看他的經歷吧！

因演藝結緣

　　演戲除了有主角，綠葉也是不可或缺的存在，而這位演員黝黑的膚色常給人陽光、正氣的感覺，因而經常出演警察、軍人等角色，在幾年前頗受歡迎的劇集如《鐵探》、《福爾摩師奶》等都有他的戲份，給觀眾留下深刻印象——他就是Charles（范仲恒）。

　　作為演員，能結識有共同興趣，而且了解對方工作的另一半當然是最好不過，而Charles在TVB工作時便認識了太太Linda（鍾梓甜）。Linda來自大溪地，是國際中華小姐競選的參賽者，甜美的樣貌和充滿熱帶風情的才藝表演使她當年頗受注目，而Charles亦正是欣賞Linda在南國島嶼成長的背景，形成她直接又獨立的性格，「太太在大溪地長大，比較會『有嗰句講嗰句』，不會很含蓄婉轉，同時也十分獨立。而且她的價值觀和我很接近，完全是我想追求的類型，所以跟她相處很舒服，一直都沒有很大的意見分歧。」Charles和Linda一拍即合，很快就決定要步入婚姻。

得來不易的寶寶

　　認定Linda是終生伴侶後，喜歡小朋友的Charles也很希望可以和太太共組家庭，只是懷孕對他們來說其實並不是那麼容易。「當時我們有去做身體檢查，但當時卵子數量只是在剛好合格的水平，而且也試了好一陣子，所以我們都有點擔心。」不過幸福總是來得很突然，Linda在一個早上便突然驗出懷孕了，讓他們都十分驚喜！

孕期中處處呵護

　　演員工作作息非常不定時，拍劇很多時一旦開始拍攝便是大半天，有時更需要通宵拍攝，這時Charles會盡量分配時間，陪在Linda身邊，「懷孕期間我都會盡量選擇跟太太一起工作，如不能

一起工作，我們也會回公司等待對方或駕車接送。如果太太需要通宵拍攝，我會跟她一起，陪伴她，讓她安心。相反，若是我要進行長時間拍攝的話，我會叫太太在家休息，並告訴她我工作結束後會盡快回來。」

Charles在太太懷孕後也閱讀過不少資料，知道孕婦會因為荷爾蒙轉變，而有情緒的起伏，生理上的變化也會造成很多不適，

所以他很明白在太太孕期時，應要多遷就太太。「我知道她懷孕後一定很辛苦，所以凡事都會提醒自己多忍讓，多照顧太太，以及以她的需要行先。」除此之外，Charles還會每天早晚都幫Linda塗妊娠紋膏，「太太很貪靚，她也希望分娩後可以跟以前沒分別，所以這是我可以為她做的事，讓她少點擔心，過個開心孕期！」

為太太移居大溪地

肺炎肆虐近兩年從未停止，使國與國之間移動變得高危又困難。現在很多跨國情侶在決定將來要在哪個國家定居時都會產生摩擦，甚至因而分開，不過Charles並沒有遇到這個問題，「雖然我的工作重心在香港，但我並沒有因為移居問題和太太吵架。因為我知道那邊的岳父岳母需要幫忙，我認為家人是最重要的，於是寶寶出生前我們就決定一起到大溪地。當然都很想念香港，之後會看看寶寶在哪處發展較好再決定去向。」

抵達大溪地後不久他們便迎來了第一個難關，就是感染了肺炎。「我們立刻搜查很多資料，看看對胎兒有沒有影響。不過太太懷孕，很多藥都不能食，所以只靠自己捱過了這一關。經這次後，每次例行檢查都擔心寶寶狀況，幸好每次都正常，直至分娩都十分順利。」

太太與自己的反差

回憶太太分娩的過程，Charles笑稱，「太太是早產的，凌晨便開始痛，但因為疫情關係，我不能全天候陪伴，所以十分擔心，更緊張到打嗝了24小時！不過反觀太太，她早已上過相關課程，大概知道生產時會遇到的情況及如何面對，所以她很冷靜，同時又很開心和期待。」不止Charles，就連醫院的護士也大讚Linda，「由於她太勇敢，姑娘都不太相信她已經夠度數臨盆，要跟她們表明真的很痛，她們才檢查出原來已經可以準備生產！而生產時姑娘也讚太太很懂用力，看見她這麼厲害，我也很感動！」

感受到父子連結

寶寶出生時開心是當然，不過Charles坦言當時只是知道這

是自己的兒子，要小心照顧，但還未感覺到很強的父子連結——直至寶寶能對自己的動作作出反應，並分得清誰是爸爸時，便覺得特別感動，感受到很強的connection。「那時真的覺得，很開心自己有這個孩子！就算工作多辛苦，看到他開心我便會很開心。同時也告訴自己要更努力，多為未來打算，希望能給我的家庭更好的生活。」

回歸簡單生活

他們現在在大溪地從事餐廳生意，由Charles主力工作，Linda負責照顧寶寶。「我晚上回家後也會盡力分擔一下照顧寶寶的工作，但很多時照顧一會便會累到睡着，所以很感激太太能夠全心全意照顧寶寶，她也是十分辛苦的。」工作忙碌之餘，Charles也體驗到大溪地簡單悠閒的生活，「這裏的氛圍和香港很不同，重視生活多於工作，沒太多娛樂，星期日很多商家關門，工作時唱唱歌放鬆心情便是當地人的日常。」現在Charles只希望Aidan能在這裏健康成長，「希望他將來亦能選擇自己喜歡做的事，還有最希望他能夠孝順父母，哈哈！」

公務員爸爸
經歷驚險分娩

Wilson's *Profile*
職業：公務員
太太：Fiona
大仔Eden、細仔Andreas

人們常說，一些突如其來的事情會推着自己長大，對Wilson而言，成為爸爸、太太差點失去性命的早產經歷均深深影響了他。太太Fiona形容他為「小朋友」，但亦見證了他如何成長為兩個孩子的爸爸，今期一起來看看Wilson的分享。

大細路學做爸爸

Wilson和太太Fiona現在育有兩子，準備3歲的哥哥Eden和出生幾個月的弟弟Andreas。Fiona笑稱，Wilson是她的大兒子，Eden是小兒子，Andreas是小小兒子，話雖如此，Wilson亦並非一無是處的「豬隊友」。Wilson坦言自己很喜歡打球踢波，在婚後亦會經常帶上Fiona一起，他在場上跑，Fiona在旁邊看。當Fiona第一次懷孕，Wilson打球踢波的時間便減少了，他能感覺到自己的責任變大，不光要照顧太太，還要照顧小朋友，「有很多事情都需要教他（Eden），教的同時我自己也要學習。」Wilson説。

意想不到的早產

「第一胎感覺更驚喜，但第二胎更多的是擔心。」Wilson如此總結Fiona兩次懷孕時自己的感受。Fiona第一次生產的身體狀況較好，但仍然痛了十幾個小時，最後還是轉開刀，而Wilson便在產房陪伴了她十幾個小時。第二胎的到來有點意外，Fiona當時感覺胃部不舒服，便到醫院求診，醫生告訴她「你不能照胃部X光，因為你懷孕了。」

夫妻二人得知喜訊時固然開心，然而到了懷孕中期，Fiona發現有高血壓問題，只是身體並未感覺不適，於是無太過擔心。到後期產檢時，醫生卻建議她留院觀察，隨時需要開刀。在家照顧Eden的Wilson接到Fiona的電話後，以為她開玩笑，「只有34周，沒那麼容易吧，只是臨近生產，醫生嚇一下她。」結果當晚10時，醫生便告訴Fiona`情況緊急，需要馬上開刀，她的高血壓除了會影響胎兒吸收營養，更威脅到孕婦的生命，「醫生説會隨時爆血管，中風甚至死亡。」

分隔兩地 各自戰鬥

　　由於Fiona的狀態不允許陪產，產房內亦不能使用手提電話，Fiona只能苦求姑娘讓她使用產房電話，倉促地聯繫了Wilson，告訴他自己要做手術了。「我想過趕去醫院，但到了那裏也不能見到她，便決定繼續留在家裏照顧Eden。」那一夜，Wilson哄大兒子睡覺後，一直在家守着電話，心裏面出現了各種奇怪的念頭，「以前聽過別人說，高血壓容易失血，於是很害怕，太太做手術的時候會不會失血過多呢？」雖然一開始便知道Fiona孕期有高血壓，但萬萬沒想到最後竟會變成這樣。從晚上10時得知Fiona要做手術，到深夜3時孩子出生了，中間5個小時一直折磨着Wilson，他形容自己的心情無奈又忐忑，「我不能

到醫院陪產，甚麼都做不了，只能等電話。比起寶寶我更擔心大人，但是又想到，如果寶寶真的沒了，她肯定會很難受。這時候只能冷靜，我不能亂。」

害怕失去太太

即使得知寶寶順利出生了，Wilson也不能放心。寶寶出生後隨即便裝上了呼吸機，更出現了發燒、需要打強心針的情況。而Fiona則被轉移到復蘇房，經歷了幾度缺氧，觀察了兩晚才回到病房。從產檢後入院到出產房，她3天不能進食，更不能見Wilson，只能全身插滿喉管，時刻監測着心跳。

所幸最後母子平安，Fiona轉回到病房，Wilson亦終於可以去探望她。Fiona擔心寶寶的安危，Wilson固然亦心繫寶寶，但他告訴Fiona：「順其自然吧，最重要的是你沒事。」被Fiona問到「你怕不怕失去我？」不善言辭的Wilson毫不猶豫地回答：「怕」。

不能忽略大仔

Andreas作為早產兒，Wilson考慮到他將來或會有比較多的病痛，因此需要更用心地照顧，但又強調不能把關注全部給了小兒子，因為大兒子Eden會嫉妒，「Eden頭上有兩個旋，會很硬

頸！」於是Andreas的到來反而讓Wilson更疼愛Eden了，他經常帶Eden去公園跑跑跳跳，一起打球踢波，當然也會分擔一些照顧Andreas的工作，例如晚上輪流餵奶。夫妻二人在分工時，Wilson更多照顧Eden，而Fiona則多照顧Andreas。Fiona笑言：「其實他在照顧大兒子的時候，我會看到他眼睛一直在偷看小兒子，但是又不能被大兒子知道，怕他吃醋。」

齊齊讚齊齊彈

談及育兒觀念，Wilson表示和太太不會一個讚一個彈，一定好的一起讚，不好的一起彈。不過主要是由Fiona先開口「做衰人」，然後Wilson在旁邊認同。Wilson正在修讀social science的課程，照顧孩子的同時需要兼顧學業和功課，他表示，希望在學業結束後，可以放更多的時間在家庭上。

太太寄語

Fiona如此評價Wilson：「他也是我要照顧的小朋友之一，但可以看到他的進步，慢慢有爸爸的樣子了。他話不多，不是很懂得用語言表達自己的感受和情意，但會用行動去證明。我有時候發脾氣，批評他是豬隊友，他也會頂撞我，但事後會調整自己，作出改變，我就這樣看着他從一個沉默寡言的大男人變成和小朋友融洽相處的爸爸。我覺得肯改變、肯協調是一個家庭保持快樂的重要因素。」

工程師爸爸
嚴夫兼嚴父

Anderson's *Profile*

職業：工程師

太太：Mercury

大仔：Harris Li

本文的主角爸爸Anderson稱自己是一個比較嚴肅的人，這也得到了太太Mercury的認證。不過他一直堅持用自己的方式為家庭付出，不知道他的家人是否感受到呢？今期一起來看看這位「嚴夫兼嚴父」的心路歷程吧！

聽到懷孕消息時

談到目前懷有第二胎的太太Mercury，Anderson表示現在的她特別能幹，可以自己照顧自己，心態上亦十分從容，和懷第一胎時完全不同。他回憶起初結婚時，自己的重心多擺在事業上，但第一次聽到太太懷孕的消息，心情還是十分驚喜。然而，和自己即將成為爸爸這份純粹的開心不同，太太的恐懼反而更多，「對太太來說，這件事太過突然，而且是第一次懷孕，家裏即將由2人變成3人，她也不能再像以前還是小女孩時一樣自由，這些都是需要時間適應的。」所幸距離BB出生還有9個月，Anderson夫婦也隨即踏上了「成為爸爸和媽媽」的路。

更規律的生活

為了迎接即將到來的爸爸生活，Anderson逐漸將重心從工作轉移到家庭上，正如Mercury的評價：「他都是個幾黐家、對家庭幾投入的人。」Anderson開始有意識調整自己的生活習慣，包括更規律的作息和飲食，「我更注重自己的健康了，希望日後可以為小朋友做個好榜樣。」踏實、規律，Mercury眼中的Anderson便是這樣的一個人。

太太不必留家育兒

Anderson談到，即將成為媽媽的太太面臨來自多方面的壓力，包括工作、財政和心理，「我會多為她分擔財政上的負擔，讓她工作不用太過緊張，即使她留在家裏不工作也沒有關係。」但Anderson明白，全職媽媽並不符合太太活潑開朗的性格，而且每天留在家裏照顧子女的壓力其實遠比工作大，因此他早早請來了工人姐姐，幫忙分擔家務和育兒的壓力，盡量讓太太產後的生活不會與原來有太大的差別。

嚴夫兼嚴父

　　由於父母是比較嚴肅的人，因此亦養成Anderson嚴肅和規律的性格，無論是太太抑或如今快3歲的囝囝Harris對此都深有體會。Anderson在太太孕期會經常叮囑其飲食和生活健康，同時亦會從旁提點她，他認為寶寶出生後，作為父母也應該有所成長，「你已經是媽媽了，不能經常像以前小女孩時一樣。」在育兒上，Anderson表示自己會偏向於擔當嚴父的角色，「太太比較開朗隨性，多扮演好人角色，而我則更多提點囝囝，這兩套教育方法可以取長補短。其實我也希望自己可以不用那麼緊張。」Mercury很認同Anderson「授之以魚不如授之以漁」的教育理念，以及其教育的耐性，「我比較心急，但他很有耐性教囝囝，囝囝對他的話會更入腦。」

實在的陪伴

雖然是個嚴夫兼嚴父，但Mercury還是對Anderson打出了不錯的分數，「10分滿分的話，我先生可以拿7.5至8分。」Mercury表示，懷孕期間Anderson每晚都會幫她塗妊娠油，有空便會陪她去產檢和做按摩。Anderson稱，太太懷孕後他開始承擔更多的家務，平日也會留意網上的育兒資訊，例如照顧寶寶時需要注意甚麼，以及嬰兒用品購物的信息。他亦明白孕期太太需要很多鼓勵，便經常給她做一些心理輔導，希望可以幫助她更從容地面對未來的生活。

抱B最拿手

Anderson表示自己最擅長抱BB，每次他一抱剛出生的大仔Harris，囝囝便會馬上不哭，而且很容易入睡，「可能覺得我的臂膀很舒服。」此外，囝囝每次喝完奶，Anderson都會幫他掃風，得益於掃風徹底，囝囝很少出現嘔奶的情況。待囝囝稍大一點，Anderson便經常帶他到公園玩，即使是嚴父也會有溫柔一面呢！

3個「二月BB」

Anderson談到，由於第二胎的到來在計劃之中，因此比起第一胎，他們夫妻二人在心態上更平穩。問到是否會對第二胎的囝囝和哥哥一樣嚴格，Anderson笑言，自己應該會對囝囝更寬容，「畢竟囝囝是需要呵護的。」囝囝預計會在二月降臨，而恰好太太和囝囝的生日都是二月，3個「二月BB」的相聚，也讓這個家庭充滿了奇妙的緣份！

爸爸寄語

「Harris，雖然爸爸有時對你語氣有些重，但還是希望你可以開心快樂地成長。Mercury，辛苦你了，你不用給自己太大的壓力，我會和你一起分擔的。還有囝囝，希望你可以順利出生，早日加入我們這個大家庭！」

店舖經理爸爸
與兒子一起成長

諾爸 *Profile*

職業：店舖副經理

太太：諾媽

大仔諾諾、細仔陽陽

成為爸爸是一種甚麼心情呢？諾爸覺得，這讓他的生活變得更加充實。隨着寶寶的降臨，除了需要有「成為爸爸」這種意識轉變，行動上要做的則更多。今期來看看，諾爸是如何與団団一同成長的。

成為爸爸 感到充實

　　諾爸憶起兩個小生命尚未降臨的日子。他稱自己和太太諾媽很早便搬出去同居，那時候家裏只有兩個人，有空一齊出去逛逛街、看看戲，或者窩在家裏打遊戲，但感覺生活沒有甚麼寄託，「好悶！」。當第一次聽到諾媽懷孕，諾爸感到十分驚喜和開心，直到後來成為爸爸，他的生活有了從未體驗過的充實，「不會經常hea了，感覺自己多了一份責任感。」

表現不合格？

　　談到照顧大仔諾諾那幾年的表現，諾爸給了自己「開頭不合格」的評價。他坦言，那時候工作忙，而且工作時間長，回家後自然想盡量多些私人和休息的時間，便有些疏忽陪伴諾諾，「之後慢慢發現，當我陪他玩，陪他看書，甚至甚麼都不做，只是坐在他身邊的時候，他都會變得很開心。」於是諾爸開始抽時間去陪伴諾諾，「由於我工時比較長，主要還是太太照顧孩子為主，但返工前我會抽時間和諾諾踩一下滑板車、打籃球或者踢足球。放工之後已經晚上九點多，他差不多要睡覺了，我會和他一起躺在床上創作故事，發揮他的想像力和創造力！」

第二胎撞正疫情

　　得知諾媽第二次懷孕的消息，諾爸固然感到開心和驚喜，但這份心情並未有第一次強烈，「第一胎未有經驗，所以期待之餘又緊張。但第二胎因為有了經驗，所以不會過於緊張。」然而諾媽懷第二胎時卻撞正新冠肺炎疫情，無論是產檢、生產還是產後，醫院都要求只能太太一人參與，這對很多孕媽來講是不愉快並充滿壓力的。而諾爸擔心家人會不會中招、會不會有意外，害怕疫情影響太太和BB的健康，所能做的便是小心翼翼地為大家做好防護措施，「盡量保證BB和太太的安全。」諾媽懷孕期間，諾爸除了為她按摩，亦會抽出時間陪伴諾諾，讓諾媽可以有更多休息的時間，「盡量讓她可以保持心境放鬆。

諾諾一夜長大

　　諾爸表示，諾諾一直很黏諾媽，連睡覺的時候都要諾媽抱着。懷上第二胎後，隨着肚子越來越大，諾媽不能像以前一樣一直抱着諾諾。諾爸看到，諾諾可以自己睡一張床了。談到太太孕期令他難忘的事情，他稱在諾媽赴醫院生產那幾天，諾諾可以自己睡覺，各方面都處理得很好，「我感覺他一夜之間長大了。」

讓大仔明白做哥哥角色

　　而弟弟出世，最怕哥哥爭寵不開心。陽陽出生前，大家都以照顧諾諾為先，因此他只要扭計，就能得到想要的東西。所幸諾爸諾媽提前為諾諾做心理準備，讓他明白自己作為哥哥的角色，也會和諾諾一起準備BB用品。陽陽出生後，諾諾竟主動和爸媽一起照顧弟弟，還驕傲地告訴別人「我有個BB細佬！」諾媽亦分享道：「他知道現在有一個BB更需要照顧，也明白自己是哥哥，可以等待，耐性變得更好了。」

學習承擔更多

諾媽曾擔心，生第二胎會不會讓自己更疲累，「諾爸在我懷第一胎的時候，其實投入感不是太高，初時他會感到害怕，甚麼都不懂，還會推搪照顧上的學習。」而第二胎陽陽順利來到這個世界上了，諾爸坦言會抽更多的時間陪伴家人。因為諾諾和陽陽都是母乳寶寶，所以特別黐身。太太照顧諾諾的時候，便能感受到她的辛苦，「那時候有工人分擔家務，但第二胎時，工人姐姐約滿離開，就由我抽時間做家務了，讓太太可以舒服些，不用做家務的同時還要照顧小朋友。」 而諾爸的進步也讓諾媽很意外，「他承擔了更多，責任感也變強了，會主動幫陽陽換尿片，這些都是他做諾諾爸爸時累積的學習和進步。這時他不再像原來一樣害怕照顧BB了，也越來越有做爸爸的樣子，我可以給他90分！」

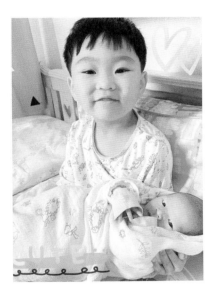 

諾爸的湊仔秘技

諾爸最擅長唱歌跳舞哄兩個囝囝。他讓BB坐在high-chair，然後開始唱歌，有時會加上跳舞，囝囝們都看得很開心，連諾媽都會忍不住笑。

廣告導演爸爸
太太讚超級奶爸

Eddie's *Profile*

職業：廣告導演

太太：Karen

仔仔：梓焜

被太太稱為「超級奶爸」的Eddie，非常落力地照顧太太及囝囝。他認為和家人的關係是沒有限期的，並一直思考自己應該成為一名怎樣的父親。今期讓我們一起看看他作為先生，以及一名爸爸的心聲吧！

不同階段不同改變

Eddie認為，人生有不同的階段，而每個階段都需要作出不同的改變。他回憶起自己年輕時，總是以工作先行，放工後便吃喝玩樂，根本不需要理家。直到結婚後組建了自己的家庭，Eddie又發現，這與只要開心一起玩的拍拖大有不同，「不如先顧家吧！不如不要出街，在家煮飯，多陪家人！」面對外面精采紛呈的世界，Eddie反而生出了這樣的念頭，對他來講，這也是一種邁入新階段的改變。

珍惜懷孕蜜月期

當Eddie知道太太Karen懷孕，家庭準備有新成員加入時十分高興。不過他也明白，對於女人來講，懷孕不是一件容易的事情。而且孕期只有短暫9個月，之後這個家庭便會由2個人變成3個人，所以Eddie希望能抓住這段時間多陪Karen，「得益於工作性質，我不需要朝九晚五地返工，可以決定自己的時間怎麼運用。」由於孕期撞上疫情，有很多事情不能做，例如旅行，於是Eddie便陪Karen去行山、做運動，抽時間去接她放工。比起外出和朋友玩，他還是想回家陪Karen，「會掛住太太，她在懷孕期間沒有身體不適，但我有考慮太太的情緒會不會有所波動呢？所以會盡量多陪她，讓她保持心情愉快。」

囝囝忽然降臨

囝囝的預產期是在12月30日，年末忙碌的Eddie還特地安排好工作，提早幾天放假，和Karen走遍西環、中環和尖沙咀，做所有想做的事，吃所有想吃的食物，只是沒想到逛完街的第二天早上，Karen便猝不及防地穿羊水和見紅了。由於過於突然，Karen又有12小時沒有進食，本來想順產，亦只好轉為剖腹產。12月26日，囝囝梓焜調皮地提早了4日，來到了Eddie和Karen的身邊。

陪月是父母的老師

　　第一次做daddy的Eddie，對育兒的事情一無所知，所以他早早安排了陪月。「我為甚麼要請陪月？因為我甚麼都不懂，需要有個人教我怎麼湊仔、換片、沖涼，怎麼照顧太太。」除了看書學習，Eddie認為落手落腳做也很重要，如何陪伴和照顧家人是爸爸需要學習的內容。「太太產後首個月應該多休息，丈夫需要多做一些。」除了較痛苦的餵夜奶，Eddie還需要洗奶樽、餵奶，照顧梓焜排便、睡覺。Eddie笑稱：「剛開始的時候，囝囝只有哭和呆兩個表情，我都分不清他的情緒和反應！」

太太更需要關注

　　到了6月左右，Karen便恢復了規律的工作。由於Eddie工作時間可以控制，便花更多的時間照顧梓焜，這讓Karen感到非常安心。後來夫妻二人經過商議，Karen決定辭去工作留在家中，「但沒有了工作的寄託，她的心情其實有些低落，接受這個身份轉換是有難度的。」這個心理上的考驗，需要Karen自己克服，而Eddie唯一做的就是陪伴和家庭先行，不能讓Karen一個人帶小孩，到了周末會請嫲嫲照顧，夫妻偷閒去放下風、拍下拖。Eddie認為，在梓焜零至1歲這個階段的照顧還算簡單，只要做好餵奶、換片、沖涼等便可以了，這時更需要關注太太的轉變，「從返工轉全職主婦是很孤單的，太太為了這個家庭，犧牲了她原本有的東西。」

思考父親角色

　　Karen還在懷孕時，Eddie已經開始思考，自己到底要成為一個甚麼角色。「如果是女兒根本不用想，錫就是了。如果是兒子，他會跟著學我，那麼我要給他塑造一個怎樣的形象呢？」Eddie坦言，在香港生養一個小孩需要考慮很多事情，例如錢、日後的升學，Karen一早便開始擔心這些問題，但Eddie認為長遠的事情很難想，世界這麼壞，誰都不知道以後會發生甚麼。他回憶起自己的童年，每逢周末，爸爸總會陪一家人去外面玩。Eddie覺得，作為孩子第一個接觸的人，不如先想想自己要成為一個怎樣的爸爸，「我希望他能成為一個善良勇敢的小朋友，並且讓他知道，有人在身邊陪伴和支持他。」

孩子是一世的老闆

　　Eddie發覺做了爸爸後，在時間管理上比過去好了很多，「原來人是不需要花那麼多時間在工作上的。你的工作可以完結，和客戶的關係也是有期限的，但和家人之間是沒有期限，所以家庭對我來說是很重要的。」但Eddie也明白自己的工作情況比較理想，所以不能責怪忙於生計的爸爸，「只是工作不會跟一世，但孩子是一世的老闆。他是裁判，父母的成績是由他決定的。」現在的梓焜看到爸爸會笑，也會認得爸爸，能讓孩子在愛當中健康快樂地成長，對Eddie來講就是自己最好的成績表。

太太評價

　　Karen：「先生是一個超級奶爸，剛從醫院回來，他便很有心機湊BB。在陪月姨姨的悉心指導下，他懂得了如何沖涼和餵奶，更全天候24小時照顧BB和坐月的我。直到現在，先生都沒有偷懶，每天都會和BB玩耍，還為我們影了很多記錄生活的照片！」

插畫家爸爸
用畫記錄BB生活

Eric's *Profile*

職業：插畫家

太太：呀菜

囡囡：Debbie

一份職業能夠長期「Work From Home」，聽起來相當不錯。新手爸爸Eric是自由身插畫家，白天，Eric一邊在家工作，一邊照顧女兒，到底他的日常生活是否如想像般美好？為了記錄一家人的生活點滴，Eric更挑戰自己，展開畫漫畫之路。

較多時間陪伴孕妻

插畫家Eric曾於英國留學，畢業後於當地工作數年，直至數年前回流香港，Eric與舊同學「呀菜」結婚。婚後，二人對生育計劃亦抱有共識，得知太太成功懷孕一刻，二人當然相當興奮！由於Eric是自由身工作者，大多時間在家工作，他亦有感能方便陪伴孕妻。

他也慶幸，呀菜在懷孕期間並沒有經歷過太嚴重的不適，惟太太容易腿抽筋，也會感到腰背痠痛，加上她的肩背肌肉本來就比較緊繃，故Eric有空便會幫她按摩一下。在呀菜懷孕初期，夫妻二人也有注意運動量，亦會一同進行雙人瑜伽，促進身心健康。為了生產時比較順利，後期也會定時去海旁散步。

隨遇而安準爸爸

疫情之下，不少產前講座改為網上形式舉行，網上亦有很多頻道分享懷孕資訊，夫妻二人也為了即將要當爸媽做足功課。「其實資訊有點多，很多說法及做法。幸好我比較隨遇而安，每個孕婦跟小孩也不一樣，所以很多資訊也是聽了再消化，最後也是看實際情況去處理。」

Eric表示，太太本來考慮順產，但後來到了預產期，有一點作動的反應，卻又未真的要生產。而且呀菜比較怕痛，為免「食全餐」，最後決定進行剖腹產，順利誕下寶貝女兒Debbie。

在產房抱了愛女一下

當日呀菜曾打算順產，Eric較為緊張，因為擔心她承受不了痛楚。最後決定剖腹，他的心情其實安定了一點。回想陪產當天，Eric看見醫生把蒼白的女兒Debbie從太太的腹部抽出來，然後陪着女兒上嬰兒房，心情還未放鬆，直到看見太太也回病房了，才輕鬆起來。「因為疫情緣故，我也只能隔着嬰兒房的窗，偶爾看看女兒。幸好女兒出生當刻，已在產房抱了她一下，不然

用畫作為囡囡打氣

　　爸媽們總不想錯過孩子每個成長階段，在寶寶學會坐立、走路前，先要學會轉身，Eric就以畫作記錄自己為囡囡「打氣」的時刻。

便要再等幾天後才能抱到，會很遺憾的。」剛巧當時Eric一家剛剛要搬家，他探望太太後，其餘時間都要回家收拾，準備搬屋。「那段時間很難捱，幸好能分心一下，不然我一定整天在掛念女兒。」

理想與現實不符？

　　Eric日常在家工作，而呀菜則任職護士，他們如何為照顧Debbie一事分工？Eric坦言：「一開始想像得很美好，既然我在家工作，而太太要上班，我想我應該能留在家中獨力照顧女兒吧。」在呀菜坐月期間，他們聘請了陪月員幫忙，夫妻二人要處理替寶寶洗澡、餵奶等安排，也相對輕鬆。可是，現實並沒預期中美好。陪月員任期結束，而太太亦回歸職場後，當Eric要獨力忙着看顧女兒，他才發現根本沒法兼顧工作。幸好，Eric與長輩居住的地方相當近，現時其母親亦會到家中幫忙看顧女兒，他才能盡力騰空時間，完成繪圖工作，以免事業受影響。

愛女出生成為畫漫畫契機

　　Eric主要為外國雜誌工作，一向因應客人要求繪畫插畫。近來，他卻開始挑戰畫漫畫，一試新風格。Eric的漫畫作品以家庭生活為題，他還會將畫作上載到社交媒體，與大眾分享。Eric又指，其實太太早已向他提議，着他不妨嘗試畫漫畫，但他當時有感還未找到契機。自從愛女出世後，Eric才因此而萌生了以漫畫記錄生活的想法。

生活趣事成創作靈感

　　作為新手父母，每天看着Debbie的成長，總有不少趣事發生。簡單如替女兒剪指甲等生活日常，一點一滴，都成為了Eric的創作靈感。隨着Debbie的四肢開始慢慢有力，每當夫妻二人替女兒換片時，經常都會被她踢到肚子，他們甚至感到有點痛楚呢！而Eric卻將這每天必做之事，繪畫成「換片格鬥大賽」，將日常的「慘況」變得可愛有趣。Eric曾在港舉行畫展，現時更開拓了新畫風。若然新作也能繼續獲得大眾喜愛，他亦期望有機會能舉行漫畫展覽，與大眾分享他的家庭樂。

總有手忙腳亂之時

　　經過數個月來日以繼夜的訓練，對於要替女兒洗澡或餵奶等基本工作，Eric自言已是「熟手」，惟暫時仍未能兼顧好烹飪部份，幸有媽媽幫忙分擔，才不至於變成「無飯家庭」。縱然Eric已累積了數個月的育兒經驗，但依舊會有手忙腳亂的時候。他笑談難忘的一次：「替寶寶洗澡時，她突然排便，整盤水也弄髒了，當刻真的不知道該怎麼辦！到底應先抱起她，還是先換水好呢？如果抱着女兒，又沒法換水。」最終，Eric決定先用毛巾包着寶寶，再換一盤新的水替她洗澡。

愛貓與愛女心靈相通

在小生命來臨之前，小倆口早已飼養了小貓，Eric還笑言愛貓與Debbie「心靈相通」。「不知道是否受氣味影響，每當女兒排便後，貓貓亦會馬上便便。」Eric表示，如果不及時清理好小貓的糞便，牠便有機會將污垢帶到更多位置，屆時便更加麻煩了！對Eric而言，要獨力同時照顧女兒與貓貓，確實是有點吃力。

學會時間管理

Eric主要的合作伙伴是外國雜誌，工作上要配合當地時間，因為時差問題，過往也經常工作到夜深。現時，Eric每天白晝仿如「打兩份工」的生活節奏，比昔日更加忙碌又疲累，他唯有盡可能早點入睡，以免翌日體力不足，難以照顧女兒。自成為父親後，也難免減少了私人時間，Eric卻從中更學會善用時間，才可兼顧插畫工作之餘，同時稱職地擔當父親一角。

「傻佬」育兒法寶

問到Eric可有一些育兒秘訣，他笑言：「秘訣則不敢當，但我有時會像「傻佬」般，在Debbie面前唱歌、跳舞，逗她開心，她也會專注地看着我。」對一名父親而言，女兒的可愛面貌總是多不勝數。Eric又指女兒反應甚多，經常咿咿呀呀。就算因因未必聽得懂Eric的說話，但他也很喜歡與愛女對話，就如替女兒洗澡前，也會向她說清楚。

「IT狗男B」爸爸
哭着面對困境

Peter's *Profile*

職業：演員

太太：Wendy

囡囡：Nina

在電視劇《IT狗》中飾演「男B」Billy的陳湛文（Peter）褪去劇中的「毒男」形象，在現實中原來是一位稱職的新手奶爸，從結婚、太太懷孕過程到寶寶出生，他一路上都面對不少擔憂及辛酸的情況，本文便請他來分享一下這段時間的心路歷程吧！

喜歡跟人交流

不論有沒有看電視習慣的朋友，即使沒有看過，或許都會聽說過這套全城熱爆的劇集——《IT狗》。當中陳湛文（Peter）憑「男B」Billy一角成功入屋，回顧他另一為人熟知的角色，是《三夫》中的四眼。在電視劇及電影中，他呈現給觀眾的總是一個「毒男」形象，但現實中的Peter原來是個喜歡social，十分健談的男生。「我覺得我和他們總有一些面向很像的，例如Billy作為IT人，總對某些事很執着，像是他們一定要用某種鍵盤或滑鼠，我就有一款手機遊戲玩了6年仍然沒有刪走。」Peter笑言，「至於《三夫》則是描寫一種原始慾望，四眼很不修邊幅，我有時也有點像他。」

不過Peter認為，這兩個角色是比較沉醉在自己世界，而自己則是偏外向，需要透過社交去放鬆及充電，「一個人很容易想很多，我需要找人討論，從不同角度去想。」他以拍攝過程為例作解釋，「團體工作一定要和他人交流，特別是大家都有自己一套想法時，便要互相交換意見，解答疑難。」

有摩擦就摩擦出來

Peter在劇中是「毒男」，但現實中他除了較為外向，原來更是一位新手爸爸。他與和前無綫娛樂新聞主播宋雯（Wendy）在舞台劇《舞步青雲》中認識，其後結婚。Peter形容，和Wendy相處的過程十分舒服，「不用想很多事情，很簡單。」問到Peter，如果跟Wendy發生摩擦的話會怎樣處理，他便笑稱，「有摩擦，就要摩擦出來啊！先吵出來，再找解決方法，如果那一刻解決不到，就再慢慢找，見步行步，互相諒解。」Peter又補充說，「不過好就好在，我們通常第2日情緒就沒那麼激烈，所以不會冷戰很久啦！」就正如Peter所言一樣——人與人不斷的磨擦之中，終有磨合的一刻。

有了寶寶「一闊三大」

從拍拖到結婚，多了很多事情要一起面對，而Peter覺得最大的變化，則是很現實的問題，這同時亦影響到他的心態，「雖然很老土，但真的覺得自己『大個仔咗』，相處模式不是變了很多，但我們卻多了一種要『一起面對的開支』。」他所說的「開支」，其實主要是指各自演藝工作的收入都不太穩定，「我很喜歡這份工作，不過收入很多時只是剛剛好夠用，甚至會月月清，所以結婚後便要想，如何維持長期的收支平衡。」

從結婚到太太懷孕，Peter坦言這段時間使他倆都有點透不過氣，精神及經濟壓力都很大，「之前可以做完一份job，再找另一份。但現在有一份job在手時，便要很心急找第2、3、4份。」有了寶寶後的Peter，感受到甚麼叫做「一闊三大」，面對這樣的環境，亦是更明白自己「唔冧得」。他沉默半晌，續說，「其實這些事結婚前都應該要解決了！只是現在逼在眼前，應對起來就要更『狠』。」

照顧孕吐太太

　　小生命即將到來，不過過程並不順利，Wendy剛懷孕時曾有過「流啡」的問題，「太太剛懷孕時有偽流產的情況，醫生説她未陀穩。當時實在太多未知之數，所以難免覺得好『淆底』。」除了「流啡」，Wendy懷孕首4個月孕吐的情況也十分嚴重，Peter當時要兼顧工作及照顧太太，花盡時間與心思，「去年比今年還要冷，所以想煮一些適合孕婦吃的菜式給她補充能量，但她完全吃不下去。」這使Peter擔心的同時，也感到很自責。

撇甩傳統觀念

　　不過幸好，不適的情況在4個月後便開始好轉，Peter更有與別不同開胃方法，就是讓Wendy喝凍飲，「別人説懷孕不能喝凍飲，但我看她喝凍飲時會更有食慾，就沒有讓她戒。她至今身體也沒有任何狀況，寶寶亦十分健康。」另一懷孕迷思，便是指孕婦應多在家休息，不應常出門。不過Peter則認為，寶寶出生前可以和他去多點地方，「Wendy懷孕時正值我在拍《IT狗》的時期，她在家也很悶，所以經常來探班，心情也會好一點！」而且Peter覺得，這也是一種另類的胎教，「我覺得寶寶還在媽媽肚子時一起見多點人，或許會讓寶寶沒那麼怕生，現在寶寶出生了，見到人都會笑呢！」

逾期居留的寶寶

　　Peter早在太太Wendy預產期之前幾周已經準備好走佬袋，怎料寶寶到第40周都仍未出生，甚至到41周都沒有動靜，最後Wendy便要入醫院催生。「當時太太要吃藥催生，她剛吃完沒甚麼反應，我們還笑那隻藥『冇料到』，誰知過多一會便『知咩料』啦！」Peter憶述當時Wendy痛了足足26小時，於是在只開了2度時，他已經可以進產房陪產。兩夫婦原本想像中的寶寶出生的一刻，兩人應該會哭，會很感動，但事實並非如此，「當下比起感動，我們都只是覺得很神奇，寶寶就這樣便『屙』了出來。」Peter覺得，也有可能是因為這個「逾期居留的寶寶」讓他們等太久了，「其實我們36、37周時就已經很期待，但因為經歷過疑似流產，所以便很驚惶，不想她太早來，但現在我們要她出來，她又不出來！」

爸爸也有產後抑鬱

　　有些媽媽會有產後抑鬱的問題，但Peter覺得，要面對照顧寶寶的各種問題，爸爸也很可能會有「產後抑鬱」，「我們始終是新手爸媽，只好不斷向身邊朋友請教，結果接收了太多雜亂的資訊，首2個月完全是超出負荷。」Peter指，他有些朋友是覺得餵奶粉好，有些主張全母乳，有些更是採用全自然的照顧方式，甚至不用沐浴乳及尿布，他坦然很崇尚這種方式，但現實中是不可能做到，「我們本身就已經很忙，而還未來得及消化，便要處理寶寶的需求了。」另一方面，寶寶成長快速，爸媽要不斷吸收資訊，學習如何照顧某個階段的寶寶，但很快地，寶寶又發育到了另一階段，「熟習了某個階段的照顧模式，誰知她長大了，又要再轉模式了，很多事情需要學習。」在這段時間，Peter陷入了一個懷疑自己的迴圈，不知哪個方法對寶寶來說是最好之餘，更是不懂處理當下的情緒。

相信寶寶生命力

在Nina初生的幾個月，Peter和Wendy都處於一個經常自我懷疑的狀態。Peter表示，他能做的，都是和Wendy互相提醒，「對，照顧寶寶是要花很多的心機，但也不要因為這樣令自己失態、失去判斷力。」他舉例說，上一代出生的寶寶其實也是可飲奶飲水，但現在隨時代發展，育兒資訊及技巧越來越多，才會造成爸媽們很多的困惑，「照顧寶寶有很多的方式，要自行判斷寶寶有沒有異樣，適不適合。爸媽要有強大的心臟，寶寶健康成長的同時，也要相信他有強大的生命力！」

笑着面對辛酸

現在Nina已經5個月大，雖然Peter笑言還很多事需要學習，但總算是經歷完這段心力交瘁的時期，「我只能說這段時期是必經的，是要捱一下。我總不能跟你說粗生粗養也可以，因為我也是都市人，要面對情緒起伏。」他認為，當爸媽覺得很混亂時，心理上要先承認自己的確是手足無措，不懂照顧，「接受這樣的自己後，就像新手一樣學習，試着尋找樂趣，閒時嘗試自嘲一下。面對未知環境，唯有這樣做，可能會容易點度過這段時間吧！」

儘管照顧的過程有很多的辛酸，但Peter回望這段育成的過程，心頭的點滴，卻是甘甜無比，「雖然我們未至於分得到Nina每天長大了多少、樣子變了多少，但辛苦了一大輪，在Nina睡覺時看看她，那可愛乖巧的樣子，會覺得辛苦是值得的。」他如此寄語給面對同樣困境的新手爸媽，「學習去享受過程，笑着面對，而笑中一定是有淚的，正正因為這些辛酸，才會笑得更燦爛。」

寶寶心願 保持好奇心到老

Peter：「我最希望Nina開心快樂，另外想她以後能自立，有判斷能力。希望她有一個開朗自由的天地，發揮自己的潛力，因為發揮潛能才是一個人最應該做的事。我對她的期望不多，只希望她保持對這世界有好奇心，而且是保持到老。因為其實有很多東西，從小時候我們就已經有了，只是長大了便遺忘了，而要找回來是很花費力氣的。」

教師爸爸
妻受欺患產前抑鬱

Jordan's *Profile*

職業：教師
太太：Trista
囡囡：芊羽

Jordan的太太Trista因遇到職場欺凌而患上產前抑鬱，情緒起伏大之餘，更引申出各種大大小小的磨擦，但Jordan一直都積極面對，就算多累也不會放開手。今期就請來Jordan分享他這段期間的心聲，以及太太的經歷，除了傳達更多愛與正能量，更希望社會能正視欺凌這個議題。

太太患上產前抑鬱

初為人父，相信爸爸們都會有很大的心態變化，不過Jordan認為人生總有不同階段，樂觀的他總是用平常心面對，所以這段期間最大的挑戰並不是身份的轉變，而是面對太太的產前抑鬱問題。「太太自從懷孕後便開始被職場欺凌，老闆總是莫須有地罵她，想用言語逼走她。」Trista因為長期被針對，導致患上產前抑鬱，情緒起伏十分大。而Jordan早上要上班，回家又要輔導太太，即使是高EQ的Jordan也坦言頗有壓力。話雖是這樣說，但他仍是很關心和心疼Trista，「如果可以，誰想要被這樣對待呢？當媽媽真的很辛苦，更何況是被歧視的媽媽呢？」他認為太太患上產前抑鬱，家人的關懷便是最好的解藥，應給她最大的鼓勵，多哄哄她，以紓緩她的情緒。

丈夫一定要陪產

雖然兩夫婦在等待迎接新生命的10個月中經歷了不少辛酸，但來到寶寶出生的一刻，這份震撼的感覺還是無法言喻的。Jordan憶起太太生產日當天，寶寶的出生日比預產期遲了一星期，「宮頸通常開到4、5度才能進產房，但她只開1度便要進去了，過程中打了很多針催生藥，她的陣痛沒有停止過，但她『嗌都無嗌』，那刻只覺得她真的很叻！」親身見證了太太的生產過程，Jordan也認為爸爸們一定要進產房陪產，才能真正感受到太太的痛苦。

陪產是太太的強心針

除了陣痛特別痛苦，生產過程中也發生了一點意外，「因為寶寶頭位不正，所以每次打催生藥，太太用力時都會壓到寶寶，有數次寶寶的心跳更降到很低，最後要醫生正位後才能繼續生。」分娩不免會有一些突發情況，所以Jordan認為對太太來說，陪產也猶如一支強心針，能給她心理上的支援，「她已經要

面對生理上的不適，若還有意外發生，相信也會十分徬徨。我想若有丈夫陪在身邊，幫忙打氣，心理上應該會感到舒服些。」

多累也要互相遷就

寶寶出生後，Jordan除了要抽時間陪伴媽媽和寶寶，還要兼顧工作。「有一陣子寶寶要吃夜奶，我們都是睡一兩小時醒一次，搞定後再睡一兩小時，然後又再醒來⋯⋯每天晚上就是這樣的循環。」由於精神狀態不佳，導致他無時無刻都很「燥底」，「太太有時會着我幫忙湊B，但因為太累，一講就『起晒弶』。可能只是很小的事，但都會演變成大吵。」

由於產前Trista的狀態不好，工作也十分繁忙，他們並沒有先學習一些湊B知識，幸好後來請了陪月幫忙，他們也終於有空上網自學。「雖然工作一整天後很想放鬆，但我還是有看影片學習如何幫寶寶洗澡，這才發現原來洗頭是要蓋住耳仔的！」Jordan笑言，大家一定也有大家的難處。即使很累，也要互相遷就與體諒，合作照顧寶寶。

不要做後悔的事

　　因為自己的工作、太太的情緒、協調照顧寶寶等因素，產前產後兩夫妻吵架已成家常便飯，但Jordan強調，就算怎麼吵也好，都千萬不能放開手。「吵架只是一時，只是因為當時精神不好、壓力大，但有些話一旦講了出口，便回不了頭。」Jordan認為，每人也會有一時的衝動，但講話及行動前一定要停一停，想一想。「我經常跟太太說，不要做些令自己後悔的事。就像在產房時，她還未能生，但已經很痛，醫生便提議其他處理方法，她還是堅持繼續試試看，最後順產，母子平安。」

未來總有出路

　　現在很多家長在寶寶一出生便會為他計劃好之後的道路，務求「贏在起跑線」，不過Jordan反而覺得不用計劃得那麼周全，因為他自身的經歷便是最好的例子。「我中四便已輟學，做過外賣員、技工、理髮學徒等各種工作，一切從低做起，現在已做到教師的職位。我只能說，每個人都有屬於自己的時區，步伐較慢也不要緊，總會達到理想的地方。」談到當前最大任務是甚麼，Jordan笑稱，「是帶寶寶去打針！」他認為每個階段都有很多變數，只要專注當下，遇到問題時知道要怎樣解決便可，生活總會有不同出路。

太太心聲剖白

面對職場欺凌

　　Trista自從告訴老闆她懷孕後，老闆對她的態度便180度大轉變，情況更越來越嚴重，就連假期也打電話來罵她。除了言語攻擊，老闆更給她安排不合理的工作，「他居然叫我搬重25公斤的貨品，但當下我不敢拒絕，幸好最後順利完成。現在再回想起這件事，真的很驚險，如果寶寶因為這樣而有甚麼意外，我一定內疚一世！」雖然朋友都着她到平機會投訴，但效果並不理想，很難才會有成功案例。職場欺凌的情況無從解決，導致Trista在孕期內飽受產前抑鬱的困擾，「有些人或會覺得患抑鬱的人是抗壓能力差，但你不會知道正經歷的人是有多痛苦。這時家人的理解和陪伴，便顯得很重要。」

希望社會多點愛

　　Trista形容懷孕過程很辛苦，各種生理不適已不在話下，加上她有腰傷，後期更是要坐着睡覺，但早上仍是會打起精神上班。「孕婦也有工作能力，也跟平常人一樣上班，為甚麼我們要遭不友善的對待？」她更聽過有些被職場歧視的媽媽，被革職而沒賠錢，情況過份得令人髮指。

　　也許很多人會覺得，被欺凌的話換個環境不就好了？但其實不是所有人都有能力換工作，而更重要的是，這種事情本就不應該發生。憶起這段經歷，Trista表示仍是很有陰影，「只希望這個社會能多點愛與同理心，讓孕婦可以安心度過孕期。」

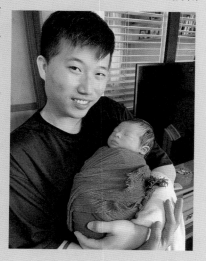

公務員爸爸
齊迎接小天使

Astra's _Profile_

職業：公務員

太太：Isabel

大仔Giovanni、細仔Lucio

懷孕是一個艱辛的過程，但並非所有人的孕期都會有戲劇般的故事。不過，每位夫妻在迎接新生兒到來時，即使再平淡的生活也會有各種值得銘記的時刻。Isabel的孕期沒有遇到特別的大風大浪，而Astra和她又是如何走過這段日子呢？今期一起來看看。

成為爸爸之前

已經是兩個団団爸爸的Astra表示，未做爸爸之前，對很多事都不太上心，沒有太多需要關心的人，也沒有太多需要出的力。連太太Isabel都感嘆，沒有孩子的時候，真的很自由。第一次得知太太懷孕，Astra感到十分驚喜，「我們結婚時年紀也不小了，結婚兩三年才有了第一個孩子。我喜歡小孩，那時候也有向同齡的爸媽朋友取經，但並不強求，順其自然便有了第一個孩子。」成為爸爸的Astra，開始關心太太和孩子，需要考慮的事情也變得更多，到了不得不成長的時候了。

一胎時齊齊旅行

Astra稱，很幸運懷孕期間太太並沒有嚴重的不適，孕吐反應亦不強烈，「26至27周的時候我們還搭飛機去歐洲旅行，參加一位丹麥朋友的婚禮。粗重活當然都是我來做，還要為太太安排更多的休息時間。當地人喜歡吃生冷食物，所以在太太的飲食上需要注意很多。」Isabel稱，孕期Astra會經常幫她上網check有甚麼可以吃，甚麼不能吃，但又不會完全控制她的飲食，也會讓她小嚐一口開心一下。

網上搜尋自學資訊

雖然還沒到神經質的地步，但初為人父的Astra還是顯得不知所措，因為不懂得照顧寶寶，便上網瀏覽相關的資訊，自行學習。陪產的前一天晚上，甚至緊張得睡不著。Isabel分享，因為大家都是第一次做父母，很多事情會一起商量，一起收拾房子，一起參加育兒講座。所幸一切順利，Isabel透過自然分娩，將大家期待已久的大仔Giovanni帶到了這個世界上。

懷二胎工時長好暴躁

　　Astra表示，本來只打算要一個孩子，加上自己是獨子，所以在這方面沒有很大的渴求。不過在有姊妹家庭中成長的Isabel，希望能多生一個寶寶與Giovanni作伴。「雖然我們家庭算不上富庶，但養兩個孩子經濟上也是沒難度的。」疫情期間，Astra夫婦成功懷上了第二胎。

　　「但是懷第二胎的時候，我的工時變長了，經常需要日夜顛倒地工作，陪太太和大仔的時間不是太多。」由於工作壓力大以及日夜顛倒的作息，Astra經常睡不夠，情緒容易敏感，脾氣也變得有些暴躁。雖然孕婦受荷爾蒙分泌影響，一般來講情緒會變得更波動，但Astra表示太太在孕期一直很calm，反而更包容和體貼自己，「怕我產前抑鬱多過她產前抑鬱！」

　　不過Isabel表示，Astra在自己懷第二胎期間已經非常盡力，也有好好照顧自己。特別懷孕期間很容易疲倦，即使工作繁忙，他還是會給Isabel更多的睡覺時間。

對大仔太嚴格

疫情期間忙碌的工作，讓Astra更珍惜能與家人一起的機會。他每當放假便會把握時間，和家人一齊出街，有時全天在家，他也可以陪Giovanni上zoom課。「因為工時太長，我錯過了很多Giovanni的成長和時間，回到家時他已經睡了。」不過適逢全天在家的日子，他由朝到晚都能見到Giovanni，於是見到Giovanni不乖的時間自然也變多了。「我對大仔的要求會更多、更嚴格，加上日後弟弟會學哥哥，所以更需要教好哥哥了。」爺爺嫲嫲都有幫忙帶Giovanni，但Astra認為他們在照顧上沒問題，因為太溺愛孫子，在管教上出不了力。而Isabel也常說，他對Giovanni太凶太嚴格，「只有我一個當惡人，太太和我爸媽都叫我不要這麼凶！」不過，在談到對自己育兒的期望時，Astra也表示希望自己能更有耐性。

幫忙料理家事

即使遭逢疫情，但防疫措施不算太差，Isabel也沒有病痛不適，在Astra的陪產下，第二胎Lucio也順利誕生到世上。「因為經歷過一次，所以第二胎我沒有失眠了！」雖然Astra的初衷是一個孩子就夠了，但Isabel卻表示，Astra卻更偏心細仔。談到育兒的分工，Astra表示第一胎的時候只請了一個月的陪月，這次學聰明，請了兩個月，讓家務事和育兒的處理變得更順利。由於沒有請工人姐姐，每天陪月放工後，Astra便回家接力，負責洗碗洗奶樽，以及幫Giovanni沖涼，「雖然稱不上叻，但換片、餵奶這些也不會抗拒，可以做到，也習以為常，並不是一定都要媽媽做。」他慶幸，疫情期間大家都健健康康，而太太一直handle得很好，但他還是想對太太說一句:「辛苦你喇！」

太太寄語

大家都在學習如何成為父母，期待我們在教育孩子上可以做得很好，並且互相配合、尊重，因為孩子一天天長大，很快就不需要我們時時刻刻陪在身邊了。我想大家一齊努力陪伴他們兩兄弟開心成長。我明白教育並非一天兩天的事，而是持續不斷，而爸爸是团团們心目中的重要角色。

攝影師爸爸
自願當陪月

Cat's *Profile*

職業：攝影師
太太：Iris
囡囡：愷悅

為了家庭，一個人可以犧牲甚麼？今次訪問的爸爸Cat，為了準備女兒的來臨放下了剛起步的事業，專心陪伴女兒成長，更在太太產後自願當其陪月，包攬大小家務，煮飯、「湊女」都親自下手。面對快樂的太太和健康的女兒，他從沒後悔，認為一切都是值得的。

極速Bingo感幸運

因為有計劃生育，所以已買定一堆驗孕棒在家備用。一天，太太Iris跟他說月事遲來了，第二天便作檢驗，試了一次發現是「positive」，兩人仍不太確定，於是把餘下不同牌子的驗孕棒都試光，前後驗了3次。終於確認「Bingo」後，Cat除了喜悅外，也覺得十分幸運，因為聽身邊朋友的經驗，由計劃到真正懷孕，都起碼半年以上，但他們則用了3個月不到的時間。

孕期雙雙增磅

懷孕後的太太很易累，夫婦倆不時會到海邊散步，Cat記得以前很快便走完，但太太懷孕後，每廿步便要休息一會，令那段路突然變長了，二人由漫步變成「慢步」。而太太會突然缺糖，需要立即進食，因此他身上揹多了各種零食、甜食和飲品，每走一段路便坐在椅子上補充體力。

太太懷孕時常常肚餓，又很喜歡吃「重口味」的食物，Cat每次都有求必應地為太太買她想要的食物，因為工作時間不定，經常晚上11、12點才放工，但也習慣會打個電話給太太，問她有沒有想吃的東西，有時是「麥記」，有時是煎釀三寶，有時是炒麵，而糖水居多，他便化身速遞員，每次都盡快將美食送到家裏。

他回憶太太在懷孕首半年都有守規矩，戒了自己喜歡吃的刺身、雪糕等。到了懷孕後期，胎兒穩定了，便不理禁忌，不停吃雪糕，甚至試過吃刺身。因此，問Cat對於太太孕期時的記憶，他腦海便浮現兩人不斷吃的片段，整個孕期下來，他自己的體重亦增加了20磅！

女兒肚中揮手

　　在太太懷胎9個多月中，Cat無時無刻都覺得生命很神奇，這種感覺在陪太太照超聲波時尤其深刻，由最初只看到胚胎形狀，到有雙手、雙腳、脊椎⋯⋯每次都見證着女兒長大。他記得在太太懷孕中期時，有次產檢照超聲波，當他聚精會神地看屏幕時，發現囡囡不斷郁動，好像在和他們揮手。當下除了覺得奇妙外，他還心想：她會否舉中指呢？

當太太的陪月

　　Cat本來是全職攝影師，但工時很長，計劃想有寶寶時，曾嘗試和公司商討，最後因為「夾不到時間」，所以辭了工，轉做「自由工作者」。太太懷孕後，Cat已經包攬家務，因為太太是「大晒」。到女兒出世後首3個月，Cat甚麼工作都不接，專心照顧太太和女兒，自發擔起陪月的角色。一來不想太太獨自面對照顧初生寶寶的事，二來是不想因為只顧工作而錯過女兒的成長。即使如此，他看着女兒時仍不時會心想：為何你大得那麼快？記得女兒10個月時，他曾離港工作了一個月，有一天，太太傳了片段給他，內容是女兒學會了站立，他才驚覺時光飛逝，幸好回到女兒身邊時她還認得自己。

陪月比上班辛苦

太太之前上過關於陪月的課，有基本知識，所以自己當陪月不算難事，他會親自為太太下廚，烹調坐月餐單，炒米茶、煲薑水也是他一手包辦。他笑言有時比上班還吃力，要不停「開爐」，除了三餐主食，主餐之間的小食都是他要動腦筋預備。

其中一大挑戰是煲薑水。母親曾教他加水龍頭水便可以，但他自己看過的資料則寫要加煲過的水，於是家中長期備了很多水。而水的溫度不能太熱，加上若只用薑皮沖水會很刺激皮膚，因此要準備不同溫度的水，水溫太熱時，便要不斷加較冷的水平衡。Cat形容坐月時的太太和初生女兒一樣，洗完澡後會「包得像隻粽」才從廁所走出來，再衝到已開着暖氣的房間保暖，其間要注意不能着涼。

一人照顧二人

Cat本來喜歡小朋友，過去拍攝小朋友為主，所以即使對着常常哇哇大哭的初生女兒，他也能給予百分百耐性和愛心。反而太太最忍不了女兒的哭聲，每次一聽到女兒哭喊便會「瘟瘟」。這時Cat便要選擇先安撫誰，通常都是選擇女兒，不是因為他更愛女兒，而是女兒安靜了，太太便會回復平靜。

放下事業不後悔

女兒出世後，太太堅持母乳餵哺，為了讓太太可以專注休息，調養好身體，Cat負責家中一切大小事務，盡量令太太每天的工作只限於吃和睡，連太太都不禁説：「當時我的生活就像隻豬一樣！」Cat從未介意和後悔自己的選擇。當時他放下剛起步的事業，回家「湊女」，連身邊人都有表達過可惜，但他認為每件事都有得有失，他選擇了這條路，雖説不上是成就，但可以陪着女兒長大，那種滿足感無事能及。Cat説有些心情在為人父之後才體會得到，以前聽自己母親説他每朝一起床便笑，他常好奇母親當時的心情是怎樣；到自己做了父親，每朝起身都望到女兒向着自己笑，才發現那感覺真的很開心。